Jan Reiners

Kleine Typenkunde deutscher Museumsdampfloks

trans
press

Einbandgestaltung: Nicole Lechner

Titelbild: Dirk Endisch
Der Arbeitskreis »Eifelbahnen« erweckte die 94 1538, nach dem sie viele Jahre als Denkmal auf ei-
nem Sockel stand, wieder zu neuem Leben. Im April 2001 verließ die Tenderlok auf ihrem Weg nach
Freudenstadt den Bahnhof Baiersbronn.

ISBN: 3-613-71187-7

© 2002 by transpress Verlag, Postfach 10 37 43, 70032 Stuttgart.
Ein Unternehmen der Paul Pietsch Verlage GmbH & Co.

1. Auflage 2002

Lektorat: Dirk Endisch, Hartmut Lange
Innengestaltung: IPa, 71665 Vaihingen/Enz
Druck und Bindung: Südwest Druck und Verlag, 76131 Karlsruhe
Printed in Germany

Vorwort

Vor rund 150 Jahren stand die Dampflokomotive für den technischen Fortschritt. Jede Stadt und beinahe jedes Dorf wünschte sich einen Bahnhof, denn die Eisenbahn war der Anschluss an die große weite Welt. Doch in den 50er-Jahren wendete sich das Blatt: Diesel- und Elloks verdrängten die Dampfloks von den Strecken. Die Dampflok stand nun für schwere und schmutzige Arbeit, sie galt als alt und unwirtschaftlich. Aber je kleiner der Bestand der rot-schwarzen Ungetüme wurde, je größer wurde ihre Fangemeinde.

Doch der technische Fortschritt war nicht aufzuhalten: 1977 gewöhnte die Deutsche Bundesbahn (DB) ihren Dampfloks das Rauchen ab. Selbst Sonderfahrten mit Dampfloks waren bis 1985 auf den Strecken der DB verboten. Engagierte Eisenbahnfreunde retten so manche Maschine vor dem Schrottplatz. Für Sonderfahrten blieben vorerst nur die Strecken der Nichtbundeseigenen Eisenbahnen (NE). 1988 Jahre zog die Deutsche Reichsbahn nach. Allerdings nicht so radikal wie die DB, denn auf den Schmalspurbahnen an der Ostseeküste, im Harz und in Sachsen verkehrten weiter Dampflokomotiven, daran hat sich bis heute, nun unter der Regie privater Eisenbahngesellschaften, bis heute (noch) nichts geändert. Außerdem hatte die DR bereits Ende der 60er-Jahre damit begonnen, technikgeschichtlich wichtige Maschinen als Museumsloks zu erhalten. Zudem gab es in vielen Bahnbetriebswerken dampflokbegeisterte Eisenbahner, die so manche, offiziell als Heizlok deklarierte Maschine vor dem Weg zum Schneidbrenner bewahrten.

Heute sind es zum überwiegenden Teil die zahlreichen Eisenbahnvereine in allen Teilen der Bundesrepublik, die mit viel Engagement und Sachverstand die Dampfloks pflegen und vor Sonderzügen einsetzten. Die Vielfalt der erhalten gebliebenen Maschinen reicht von der kleinen zweifachgekuppelten Schmalspurmaschine bis hin zur mächtigen Schnellzuglok. Die wichtigsten Baureihen und Typen der Staats- und Privatbahnen werden in dieser »Kleinen Typenkunde« vorgestellt. Aus Umfangsgründen musste ich mich allerdings auf die deutschen Maschinen beschränken. Von den in Deutschland erhaltenen Dampflokomotiven aus dem Ausland werden nur die österreichische Reihe 93 und die polnische Px 48 vorgestellt. Im Anhang sind hingegen alle in Deutschland vorhandenen Maschinen zum Stichtag 1. März 2002 aufgelistet. Für die Gliederung der Staatsbahnmaschinen nutzte ich das 1925 eingeführte Nummernsystem der Deutschen Reichsbahn-Gesellschaft (DRG), das ja bis 1968 bei der DB und 1970 bei der DR gültig war. Die Schmalspurloks wurden zusätzlich nach Spurweiten geordnet. Die Privat- und Werkbahnloks ordnete ich im Anhang nach der Achsfolge.

Bei den technischen Daten stützte ich mich in erster Linie auf die amtlichen Merkbücher der DRG, DB und DR sowie auf Angaben der Hersteller oder der Vereine in ihren Broschüren. Bei der Leistung wird zum überwiegenden Teil die indizierte Leistung (PS_i), also die im Zylinder ermittelte, wiedergegeben. Wo diese Angaben nicht verfügbar waren, griff ich, so fern vorhanden, auf die effektive Leistung (PS_e), die am Zughaken gemessen wird, zurück.

Diese Typenkunde wäre ohne die Hilfe zahlreicher Eisenbahnfreunde nicht möglich gewesen. Ihnen allen sei an dieser Stelle herzlich gedankt. Eine besonderer Dank gilt den Herren Dirk Endisch, Michael Klaus und Jürgen Krantz, die mir mit Bildern und Informationen tatkräftig geholfen haben.

Bremen, im März 2002
Jan Reiners

Inhaltsverzeichnis

2.6 Zahnrad-Lokomotiven

2.7 Lokalbahn-Lokomotiven

2.8 Schmalspur-Dampflokomotiven (600 mm Spurweite)

2.9 Schmalspur-Dampflokomotiven (750 mm Spurweite)

2.10 Schmalspur-Dampflokomotiven (900 mm Spurweite)

3. Privatbahn-Dampflokomotiven
3.1 Regelspur-Dampflokomotiven

3.2 Schmalspur-Dampflokomotiven (750 mm Spurweite)

3.3 Schmalspur-Dampflokomotiven (750 mm und 1000 mm Spurweite)

3.4 Schmalspur-Dampflokomotiven (1000 mm Spurweite)

3.5 Werkbahn-Dampflokomotiven (750 mm Spurweite)

4. Anhang

Einleitung

1.1 Bauart und Betriebsgattung

Die Dampflokomotiven werden in Deutschland nach Bauart und Betriebsgattungen unterschieden. Allerdings gab es bis Anfang der 20er-Jahre keine verbindliche, einheitliche Festlegung für die Bezeichnung der **Bauart** einer Lokomotive. Erst der am 13. Februar 1918 gegründete Lokomotiv-Normen-Ausschuss legte unter dem Vorsitz des Hanomag-Direktors Erich Metzeltin (1871–1948) eine einheitliche Bauart-Bezeichnung (LON 52) fest. So heißt die Formel 2´C 1´h 2 übersetzt: 2´ steht für zwei bewegliche Laufachsen vorne; C steht für drei gekuppelte Achsen (A = eine Achse, B = zwei Achsen, D = vier Achsen usw.); 1´ steht für eine bewegliche Laufachse hinten; h steht für Heißdampftriebwerk (»n« für Nassdampftriebwerk); 2 steht für zwei Zylinder (3 = drei Zylinder, 4 = vier Zylinder. In einigen Fällen steht hinter der Zylinderzahl noch ein »v« für »Verbundtriebwerk«.

Auch die **Tender** der Schlepptendermaschinen werden nach einem bestimmten System bezeichnet. So bedeutet 2´2´T 34: 2´2´ steht für zwei bewegliche Drehgestelle; T steht für Tender; 34 steht für 34 m³ Wasservorrat.

Ein wichtige Rolle bei den Bauart-Bezeichnungen spielt das Apostroph hinter den Zahlen oder Buchstaben. Das Apostroph zeigt an, ob die Achsen beweglich gelagert sind oder nicht. Ein Tender der Bauart 2´3 T 38 besitzt zum Beispiel ein bewegliches Drehgestell mit zwei Achsen und drei fest im Rahmen gelagerte Achsen, deshalb fehlt das Apostroph hinter der Ziffer drei. Die Mallet-Loks des Harzes mit ihrem hinteren fest gelagerte Achsen sind B´B-Maschinen, die sächsische IV K mit ihren beiden beweglichen Drehgestellen hingegen ist eine B´B´-Lok. Somit besitzt dieses kleine Zeichen eine große Bedeutung!

Die Deutsche Reichsbahn-Gesellschaft (DRG) führte 1925 **Betriebsgattungen** ein und rüstete alle Dampfloks mit einem Gattungsschild aus. Das Gattungsschild gab Auskunft über den Verwendungszweck (auch Bauartgruppe genannt), die Anzahl der gekuppelten Achsen, die Anzahl der gesamten Achsen und über die mittlere Achsfahrmasse der Maschine. Die Baureihe 01 trug beispielsweise das Gattungsschild S 36 20: S steht für Schnellzuglokomotive; 3 steht für drei gekuppelte Achsen; 6 steht für sechs Achsen insgesamt (ohne Tender); 20 steht für eine Achsfahrmasse von 20 Tonnen.

Über der Achsfahrmasse steht bei einigen Maschinen ein Dreieck mit oder ohne waagerecht liegendes Rechteck. Das Dreieck bedeutet, dass die Maschine konstruktiv die Begrenzung des Lichtraumprofils II überschreitet. Das Rechteck hingegen gibt an, dass diese Überschreitung durch den Abbau einzelner Teile, zum Beispiel durch Entfernen des Schornsteinaufsatzes, wieder aufgehoben werden kann.

Neben dem »S« gab es noch die Bauartgruppen »P« (Personenzuglok), »G« (Güterzuglok), »Pt« (Personenzugtenderlok), »Gt« (Güterzugtenderlok), »Z« (Zahnradlok), »L« (Lokalbahnlok), »K« (Kleinspur-Lokomotiven, heute Schmalspurlokomotiven). Die Deutsche Bundesbahn verzichte im November 1951 auf die Gattungsschilder, die in den folgenden Monaten entfernt wurden. Die Deutsche Reichsbahn in der DDR hingegen behielt das Gattungsschild bis zum Ende der Dampftraktion bei.

Am **Führerhaus** einer Dampflok sind aber noch andere Schilder angebracht. Über dem Lokschild sitzt das so genannte Eigentumsschild. Meist findet sich hier das DB-Signet oder der Schriftzug »Deutsche Reichsbahn«.

Außerdem sind am Führerhaus die Schilder der (ehemaligen) Heimat-Direktion und der Heimat-Dienststelle zu finden. Diese Schilder haben heute zum überwiegenden Teil nur noch historischen bzw. nostalgischen Wert. Denn eine Reichsbahndirektion (Rbd) Magdeburg oder eine Bundesbahndirektion (BD) Mainz sind ebenso Vergangenheit, wie ein Bahnbetriebswerk (Bw) Rheine oder ein Bw Reichenbach.

Über dem Gattungsschild ist meist mit weißer Farbe die Abkürzung »WM 10« oder »WM 80« angemalt. Diese beiden Abkürzungen haben keine direkte betriebliche Bedeutung, denn sie geben lediglich die Güte des verwendeten Lagermetalls wieder. »WM 10« steht für eine Weißmetall-Legierung mit einem Zinngehalt von rund 10 Prozent. Das hochwertigere Lagermetall WM 80 hingegen hat einen Zinngehalt von 79 bis 81 Prozent.

1.2 Das Nummernsystem der DRG

Bis zur Gründung der Deutschen Reichsbahn am 1. April 1920 war die Eisenbahn in Deutschland Sache der Länder. Die Staatsbahnen von Baden, Bayern, Mecklenburg-Schwerin, Oldenburg, Preußen, Sachsen und Württemberg besaßen nicht nur alle ihre eigenen Vorstellungen zur Konstruktion und zum Bau ihrer Maschinen sondern auch alle ein eigenes Bezeichnungssystem. Als die Reichsbahn 1920 den Fahrzeugpark der Länderbahnen übernahm, galt es zunächst einmal Ordnung in die rund 400 verschiedenen Typen zu bringen. Erst 1925 hatte die Reichsbahn ein einfaches aber logisches Schema geschaffen, das die Deutsche Bahn AG im Prinzip noch heute nutzt.

Der im Herbst 1925 vorgelegte so genannte endgültige Umzeichnungsplan unterteilte den Fahrzeugpark nach Baureihen (BR) – von 01 bis 99. Schnellzugloks wurden als BR 01–19, Personenzugloks als BR 20–39, Güterzugloks als BR 41–59, Schnellzugtenderloks als BR 60–61, Personenzugtenderloks als BR 62–79, Güterzugtenderloks als BR 80–96, Zahnradloks als BR 97, Lokalbahnloks als BR 98 Lokalbahnloks und Schmalspurloks als BR 99 bezeichnet. Innerhalb der einzelnen Bauartgruppen wurden die Typen nach der Achsfolge geordnet. Dabei hielt die DRG die erste Dekade jeder Bauartgruppe immer für die geplanten neuen Einheitslokomotiven frei. Allerdings wich die Reichsbahn später von dieser Regelung ab, wie die Baureihen 50 und 52 zeigen.

Die Baureihen-Nummer war aber in vielen Fällen nur eine grobe Zuteilung. Die bis zu vier stellen umfassende Ordnungsnummer nutzte die DRG zu einer weiteren Gliederung in Unterbaureihen. So wurde der sächsische Rollwagen der Gattung XII H 2 zur Baureihe 38^{2-3}. Die preußische P 8, die die gleiche Achsfolge besaß, reihte die DRG als Baureihe BR 38^{10-40} in ihr Nummernsystem ein.

Eine Sonderrolle nehmen die Schmalspurlokomotiven ein. Innerhalb der BR 99 sortierte die DRG die Maschinen zunächst nach der Spurweite und innerhalb der einzelnen Spurweiten-Gruppen dann nach der Achsfolge.

Die DB und die DR setzten das Schema nach dem Zweiten Weltkrieg fort und modifizierten es nur in Details. Erst mit der Einführung EDV-gerechter Nummernsysteme gingen beide Bahnverwaltungen ihren eigenen Weg.

1.3 Das EDV-gerechte Nummersystem der Deutschen Bundesbahn (DB)

Bei der Deutsche Bundesbahn galt ab 1. Januar 1968 ein neues Nummernsystem, das der beginnenden elektronischen Datenverarbeitung Rechnung trug. Die Bundesbahn führte nun dreistellige Baureihen- und dreistellige Ordnungsnummern ein, ergänzt um eine siebente Kontrollziffer hinter einen Strich. Mit Hilfe der Kontrollziffer konnten Schreib- und Tippfehler erkannt werden.

In den meisten Fällen wurde der alten Baureihen-Nummer nur eine 0 vorangestellt und von vierstelligen Ordnungsnummern die erste Ziffer gestrichen. So wurde aus der 38 1772 die 038 772. Allerdings schuf die DB auch die »neuen« Baureihen 011 (BR 01^{10} mit Kohlefeuerung), 012 (BR 01^{10} mit Öl-hauptfeuerung), 042 (BR 41 mit Ölhauptfeuerung), 043 (BR 44 mit Ölhauptfeuerung), 051 (ex 50 1001–1999), 052 (ex 50 2001–2999) und 053 (ex 50 3001–3171).

Die **Kontrollziffer** wurde nach einer vorgeschriebenen Berechnung ermittelt. Unter die Lok-Nummer schrieb man die Ziffern 121212, mit der dann die unter einander stehenden Ziffern multipliziert wurden. Von den Produkten wurde dann die Quersumme ermittelt. Die Differenz zwischen der Quersumme und der nächsten Zehnerzahl ergab schließlich die Kontrollziffern. Im Fall der 038 772 sieht das so aus:

038 772
121 212
0-6-8-14-7-4
Quersumme: 0+6+8+1+4+7+4=30
Nächste Zehnerzahl: 30 – 30-30=0
Kontrollziffer: 0

1.4 Das EDV-gerechte Nummersystem der Deutschen Reichsbahn (DR)

Die DR rüstete mit Wirkung vom 1. Juni 1970 ihre Loks mit EDV-gerechte Nummernschildern aus. Die Reichsbahn in der DDR behielt bei ihren Dampflokomotiven aber die zweistelligen Baureihennummern bei und führte nun generell vierstellige Ordnungsnummern ein. Die Kontrollziffern hinter dem Strich wurde nach dem gleichen Schema wie bei der Bundesbahn berechnet.

Die Ordnungsnummern nutzte die Reichsbahn, um nun die Feuerungsart zu kennzeichnen. Kohlegefeuerte Maschinen erhielten die Ordnungsnummern 1001 bis 8999. Loks mit einer ehemals dreistelligen Ordnungsnummern erhielten oft nur eine 1 dazu. Ausnahmen waren die Baureihen 01 und 03. Die Altbau-01er und die Zweizylinder-03er bekamen eine 2. So wurde aus der 01 137 die 01 2137-6. Dampfloks mit einer Ölhauptfeuerung wurden mit einer 0 als erste Ziffer in der Ordnungsnummer gekennzeichnet. Die 44 1093 mutierte so zur 44 0093-3. Kohlenstaub-Maschinen erhielten hingegen eine 9000er-Nummer. Die 52 4900 hieß nun 52 9900-6.

Um Verwechselungen mit Diesel- und Elloks durch eine falsche Schreibweise von vornherein zu vermeiden, gab die DR aber einige Baureihen-Nummern auf und führte wieder die Baureihen 02 (ex BR 18), 04 (ex. BR 19), 35 (ex BR 23[10]), 37 (ex BR 24) und 39 (ex BR 22) ein.

Bei der Umzeichnung der schmalspurigen Dampflokomotiven wich die DR von ihren Schema in einigen Details ab. Die Ordnungsnummer diente hier auch zur Einteilung der Spurweite. Maschinen mit 600 mm Spurweite erhielten 3000er-Nummern. Loks mit 750 mm Spurweite bekamen 1000er- und 4000er-Nummern. Dabei stellte man den Ordnungsnummern der Baureihen 99^{51-60}, 99^{64-71}, 99^{73-76} und 99^{77-79} nur eine 1 voran. Die 2000er-Nummern wurden den Fahrzeugen mit 900 mm Spurweite zugewiesen. Die Meterspur-Dampfloks hingegen reihte die Reichsbahn mit 5000er-, 6000er- und 7000er-Ordnungsnummern ein. Die Ordnungsnummern der Baureihen 99^{22} und 99^{23-24} wurden um eine 7 ergänzt.

1.5 Das gemeinsame Nummersystem ab 1992

Mit der deutschen Wiedervereinigung und der notwendigen Zusammenführung der Bundes- und Reichsbahn stand auch die Schaffung eines einheitliches Bezeichnungssystems für beide Bahnen auf der Tagesordnung. Im Wesentlichen wurde das System der DB übernommen. Die DR-Loks trugen ab 1. Januar 1992 die neuen Nummern. Die Dampfloks erhielten nun wie bei der DB seit 1968 üblich eine dreistellige Baureihen- und eine dreistellige Ordnungsnummern. Bei den Regelspurmaschinen wurde der Baureihennummer eine 0 vorangestellt und bei der Ordnungsnummer die erste Ziffer gestrichen. Die 52 8075-5 hieß nun 052 075-9.

Anders lag die Sache bei den Schmalspurloks. Hier vergab die DR völlig neue Ordnungsnummern, die keine Rückschlüsse auf die alte Nummer zuließen. Die Ordnungsnummern wurden nach Spurweiten vergeben: BR 099.1 für 1.000 mm Spurweite, BR 099.7 für 750 mm Spurweite und BR 099.9 für 900 mm Spurweite. Den Schmalspurloks des Harzes blieb die Umzeichnung aufgrund der bevorstehenden Privatisierung erspart. Die anderen Maschinen wurden aber Ende 1991 mit neuen Lokschildern ausgerüstet. Die neuen Nummern – die 99 1608-1 hieß nun 099 713-0 – stieß bei den meisten Eisenbahnern und Eisenbahnfreunden auf wenig Verständnis. Inzwischen sind diese Nummern wieder Geschichte. Mit der Privatisierung der Schmalspurbahnen hielten entweder die bis 1970 üblichen Nummern (z.B. BVO Bahn GmbH Oberwiesenthal) oder die EDV-Nummern der DR (z.B. Molli) wieder Einzug.

Foto: Klaus

Technische Daten

	01 (alt)	01 (Neubaukessel)
Bauart	2´C1´h2	2´C1´h2
Betriebsgattung	S 36.20	S 36.20
Länge ü. Puffer (Tender 2´2´ T 34)	23.940 mm	23.940 mm
Höchstgeschwindigkeit v/r	120[1]/50 km/h	120[1]/50 km/h
Zylinderdurchmesser	600 mm	600 mm
Kolbenhub	660 mm	660 mm
Treib- und Kuppelraddurchmesser	2.000 mm	2.000 mm
Laufraddurchmesser v/h	850[1]/1.250 mm	1.000/1.250 mm
Kesselüberdruck	16 kp/cm²	16 kp/cm²
Rostfläche	4,5 m²	3,96 m²
Verdampfungsheizfläche	238[3] m²	193,09 m²
Dienstmasse (2/3 Vorräte)	166,9[4] t	168,8 t
Brennstoffvorrat	10 t	10 t
Wasserkasteninhalt	34 m³	34 m³
indizierte Leistung	2.240 PS$_i$	2.325 PS$_i$
indizierte Zugkraft (0,8)	15,2 Mp	15,2 Mp

Anmerkungen
[1] ab 01 102: 130 km/h
[2] ab 01 102: 1.000 mm
[3] ab 01 077: 247 m²
[4] ab 01 077: 169,1 t

Der Inbegriff der Schnellzug-Dampflok ist die BR 01. Zu den wichtigsten Aufgaben der DRG gehörte in den 20er-Jahren die Entwicklung eines normierten Typenprogramms und die Beschaffung einer schweren Schnellzug-Maschine. Die ersten Vorarbeiten dafür nahmen Henschel und Borsig 1922 auf. Die BR 01 wurde zum Urahn aller Einheitsloks. Da aber noch Unklarheit darüber bestand, ob nun das Zweizylinder- oder das Vierzylinderverbundtriebwerk im Betrieb wirtschaftlicher war, gab die DRG jeweils zehn Baumuster in Auftrag, die sich nur im Triebwerk voneinander unterschieden. Bei den Versuchsfahrten war die BR 02 ihrer Konkurrentin unterlegen, so dass die DRG nur noch die BR 01 beschaffte. In mehreren Baulosen stellte die DRG insgesamt 231 Maschinen in Dienst. Die zehn 02er wurden bis 1942 in 01er umgebaut. Die Bundesbahn rüstete in den 50er-Jahren 51 Loks mit geschweißten Verbrennungskammer-Kesseln aus, die mehr Dampf lieferten.

Baureihe 01⁵ (Rekolok DR)

Foto: Endisch

Technische Daten

	Kohlefeuerung	Ölhauptfeuerung
Bauart	2´C1´h2	2´C1´h2
Betriebsgattung	S 36.20	S 36.20
Länge ü. Puffer (Tender 2´2´ T 34)	24.350 mm	24.350 mm
Höchstgeschwindigkeit v/r	130/50 km/h	130/50 km/h
Zylinderdurchmesser	600 mm	600 mm
Kolbenhub	660 mm	660 mm
Treib- und Kuppelraddurchmesser	2.000 mm	2.000 mm
Laufraddurchmesser v/h	1.000/1.250 mm	1.000/1.250 mm
Kesselüberdruck	16 kp/cm²	16 kp/cm²
Rostfläche	4,87 m²	4,87 m²
Verdampfungsheizfläche	224,5 m²	224,5 m²
Dienstmasse (2/3 Vorräte)	169,0 t	174,3 t
Brennstoffvorrat	10 t	13,5 m³
Wasserkasteninhalt	34	34
indizierte Leistung	ca. 2.300 PS$_i$	ca. 2.500 PS$_i$
indizierte Zugkraft (0,8)	15,2 Mp	15,2 Mp

In der zweiten Hälfte der 50er-Jahre musste die DR ihren Lokomotivpark dringend erneuern. Da die Staatliche Plankommission der DR nur geringe Kapazitäten zum Bau neuer Loks in der Industrie bereitstellte, griff man zur Selbsthilfe und modernisierte die Maschinen in den Raw. Kernpunkt dieses als »Rekonstruktion« bezeichneten Umbaus war der Einbau eines modernen Verbrennungskammer-Kessels, der für die Verbrennung von Braunkohle geeignet war und deutlich mehr Dampf erzeugte. Auch die BR 01 musste dringend modernisiert werden. Doch die DR beließ es nicht nur beim Einbau eines neuen Kessels – auch die Optik der Maschine wurde grundlegend verändert.

Das Raw Meiningen stellte 1962 mit der 01 501 die erste Reko-01 fertig. Bis 1965 folgten weitere 34 Loks, die mit ihrer Domverkleidung, der spitzen Rauchkammertür und der steilen Frontschürze für Aufsehen sorgten. 28 Maschinen besaßen eine Ölhauptfeuerung.

Baureihe 01¹⁰ (Umbaulok DB)

Foto: Endisch

Technische Daten

	Kohlefeuerung	Ölhauptfeuerung
Bauart	2′C1′h3	2′C1′h3
Betriebsgattung	S 36.20	S 36.20
Länge ü. Puffer (Tender 2′3 T 38)	24.130 mm	24.130 mm
Höchstgeschwindigkeit v/r	140/50 km/h	140/50 km/h
Zylinderdurchmesser	500 mm	500 mm
Kolbenhub	660 mm	660 mm
Treib- und Kuppelraddurchmesser	2.000 mm	2.000
Laufraddurchmesser v/h	1.000/1.250 mm	1.000/1.250 mm
Kesselüberdruck	16 kp/cm²	16 kp/cm²
Rostfläche	3,96 m²	3,96 m²
Verdampfungsheizfläche	206,51 m²	206,51 m²
Dienstmasse (2/3 Vorräte)	176 t	177 t
Brennstoffvorrat	10 t	13,5 m³
Wasserkasteninhalt	38 m³	38 m³
indizierte Leistung	2.350 PS$_i$	2.470 PS$_i$
indizierte Zugkraft (0,8)	15,84 Mp	15,84 Mp

Mit dem Aufbau eines Schnellverkehrs in Deutschland stand bei der DRG Mitte der 30er-Jahre die Beschaffung einer neuen Schnellzuglok zur Debatte. Zwar hätte die BR 01 den geforderten Leistungen entsprochen, doch die Laufruhe ließ bei höheren Geschwindigkeiten zu wünschen übrig. Deshalb gab das Reichsbahn-Zentralamt (RZA) eine stromlinienverkleidete Dreizylinderlok in Auftrag. Die BMAG lieferte im August 1939 die 01 1001 ab. Doch mit Beginn des Zweiten Weltkrieges benötigte die Reichsbahn Güterzugloks, weshalb das RZA die Bestellung von ursprünglich 205 Loks der BR 01¹⁰ stornierte. Lediglich die bereits bei der BMAG begonnenen Loks wurden fertiggestellt.

Die 55 Maschinen verblieben bei der DB, die zwischen 1949 und 1951 die Stromlinienverkleidung entfernen ließ. Die DB rüstete 54 Loks ab 1953 mit neuen Verbrennungskammer-Kesseln aus; 34 Loks erhielten eine Ölhauptfeuerung.

Foto: Reiners

Technische Daten

	03 (alt)	03 (Umbau)
Bauart	2´C1´h2	2´C1´h2
Betriebsgattung	S 36.171	S 36.171
Länge ü. Puffer (Tender 2´2´ T 34)	23.905 mm	23.905 mm
Höchstgeschwindigkeit v/r	130/50 km/h	130/50 km/h
Zylinderdurchmesser	570 mm	570 mm
Kolbenhub	660 mm	660 mm
Treib- und Kuppelraddurchmesser	2.000 mm	2.000 mm
Laufraddurchmesser v/h	8502/1.250	8502/1.250
Kesselüberdruck	16 kp/cm²	16 kp/cm²
Rostfläche	4,05 m²	4,05 m²
Verdampfungsheizfläche	202,22 m²	203,65 m²
Dienstmasse (2/3 Vorräte)	157,6 t	158,3 t
Brennstoffvorrat	10 t	10 t
Wasserkasteninhalt	34 m³	34 m³
indizierte Leistung	1.980 PS$_i$	ca. 2.000 PS$_i$
indizierte Zugkraft (0,8)	13,72 Mp	13,72 Mp

Ende der 20er-Jahre benötigte die DRG eine leichte Schnellzuglok für Nord- und Mitteldeutschland. Die DRG schrieb 1929 die Entwicklung der als BR 03 vorgesehenen Type aus. Insgesamt sechs verschiedene Entwürfe standen zur Diskussion. Die Entscheidung fiel letztlich zu Gunsten der 2´C1´h2-Type, deren drei Baumuster Borsig im Sommer 1930 lieferte. Bereits ein Jahr später begann die Serienfertigung der BR 03, von der die Reichsbahn bis 1938 insgesamt 298 Exemplare in Dienst stellte.

Der DB verblieben 144 Maschinen, von denen die Letzten im Sommer 1971 aus dem Plandienst ausschieden. Die DR in der DDR verfügte 1950 über 74 Maschinen, die Ende der 50er-Jahre durch den Einbau von Mischvorwärmern und neuen Stehkesseln modernisiert wurden. Die letzten dieser Loks wurden 1979 abgestellt. Eine dieser Umbau-Loks, die 03 204 blieb erhalten. Ihren Altbau-Kessel kann man am Speisedom deutlich erkennen.

Baureihe 03¹⁰ (Rekolok DR)

Foto: Reiners

Technische Daten

	Kohlefeuerung	Ölhauptfeuerung
Bauart	2´C1´h3	2´C1´h3
Betriebsgattung	S 36.18	S 36.18
Länge ü. Puffer (Tender 2´2´ T 34)	23.905 mm	23.905 mm
Höchstgeschwindigkeit v/r	140/50 km/h	140/50 km/h
Zylinderdurchmesser	470 mm	470 mm
Kolbenhub	660 mm	660 mm
Treib- und Kuppelraddurchmesser	2.000 mm	2.000 mm
Laufraddurchmesser v/h	1.000/1.250 mm	1.000/1.250 mm
Kesselüberdruck	16 kp/cm²	16 kp/cm²
Rostfläche	4,23 m²	4,23 m²
Verdampfungsheizfläche	206,3 m²	206,3 m²
Dienstmasse (2/3 Vorräte)	162,0 t	167,3 t
Brennstoffvorrat	10 t	13,5¹ t
Wasserkasteninhalt	34 m³	34 m³
indizierte Leistung	ca. 1.900 PS_i	ca. 2.000 PS_i
indizierte Zugkraft (0,8)	14 Mp	14 Mp

Anmerkung
¹ 13,5 m³ Heizöl

Für den Schnellverkehr auf Strecken mit 18 t Achslast gab die DRG 1935 parallel zur 01¹⁰ die Entwicklung einer dreizylindrigen, stromlinienverkleideten Variante der BR 03 in Auftrag. Borsig lieferte 1940 die 03 1001 ab. Doch zu diesem Zeitpunkt bestand kein Bedarf mehr an schnellfahrenden Dampfloks, so dass von den geplanten 140 nur noch 60 Maschinen gebaut wurden.

In der Sowjetischen Besatzungszone verblieben 19 Maschinen, die Anfang der 50er-Jahre ihre Stromlinienverkleidung verloren. Wie die BR 01¹⁰ besaß auch die 03¹⁰ Kessel aus dem nicht alterungsbeständigen Stahl St 47 K. Nachdem der Kessel der 03 1046 am 10. Oktober 1958 infolge von Materialermüdung explodiert war, rüstete die DR 16 Loks umgehend mit den geschweißten Verbrennungskammer-Kesseln des Typs 39 E aus. Später erhielten die 03¹⁰ eine Ölhauptfeuerung. Eine Sonderstellung nahm die 03 1010 ein: Als Bremslok der VES-M Halle erhielt sie anstelle des Mischvorwärmers einen Oberflächenvorwärmer.

Baureihe 03 (Rekolok DR)

Technische Daten

Bauart	2´C1´h2
Betriebsgattung	S 36.17[1]
Länge ü. Puffer (Tender 2´2´ T 34)	23.905 mm
Höchstgeschwindigkeit v/r	130/50 km/h
Zylinderdurchmesser	570 mm
Kolbenhub	660 mm
Treib- und Kuppelraddurchmesser	2.000 mm
Laufraddurchmesser v/h	850[2]/1.250 mm
Kesselüberdruck	16 kp/cm²
Rostfläche	4,23 m²
Verdampfungsheizfläche	206,3 m²
Dienstmasse (2/3 Vorräte)	159,4 t
Brennstoffvorrat	10 t
Wasserkasteninhalt	34 m³
indizierte Leistung	ca. 2.100 PS_i
indizierte Zugkraft (0,8)	13,72 Mp

Anmerkungen
[1] ab 03 123: S 36.18
[2] ab 03 163: 1.000 mm

Als die DR die wichtigsten Baureihen im Rahmen des Rekonstruktions-Programmes modernisierte, stand auch die Verjüngung der BR 03 auf der Tagesordnung. Nach langen Diskussionen verwarf die DR die Rekonstruktion der Zweizilinder-03er, da sich die Maschinen noch in einem guten Zustand befanden. Allerdings ließ die DR die 03er durch Umbauten, z.B. Einbau neuer Aschkästen der Bauart Stühren und Mischvorwärmer, verbessern.

Im Sommer 1968 jedoch stand die Rekonstruktion der BR 03 wieder zur Debatte: Das Politbüro der SED verlangte von der DR den Aufbau einer so genannten strategischen Dampflokreserve, zu der u.a. auch 45 Loks der BR 03 gehören sollten. Zur gleichen Zeit begann die Ausmusterung der BR 22, deren Reko-Kessel eilweise nicht einmal zehn Jahre alt war. So entstand die Idee, die BR 03 mit diesen Kesseln auszurüsten. Bereits Ende 1968 begann im Raw Meiningen der Umbau der ersten beiden 03er. Dank des Reko-Kessels konnte die BR 03 auch Leistungen der Altbau-01er übernehmen. Bis 1975 rüstete das Raw Meiningen insgesamt 52 Loks mit Reko-Kesseln aus.

Baureihe 05 (Einheitslok)

Technische Daten

Bauart	2´C2´h3
Betriebsgattung	S 37.19
Länge ü. Puffer	
(Tender 2´3 T 37 St)	26.265 mm
Höchstgeschwindigkeit v/r	175/50 km/h
Zylinderdurchmesser	450 mm
Kolbenhub	660 mm
Treib- und Kuppelraddurchmesser	2.300 mm
Laufraddurchmesser v/h	1.100/1.100 mm
Kesselüberdruck	16[1] kp/cm²
Rostfläche	4,71 m²
Verdampfungsheizfläche	255,52 m²
Dienstmasse (2/3 Vorräte)	20,15 t
Brennstoffvorrat	10 t
Wasserkasteninhalt	37 m³
indizierte Leistung	2.360 PS_i
indizierte Zugkraft (0,8)	13,95 Mp

Anmerkung
[1] ursprünglich 20 kp/cm²; später reduziert

Eisenbahngeschichte schrieb die BR 05. Für die Erprobung von Reisezugwagen bei 150 km/h benötigte die DRG Anfang der 30er-Jahre dringend eine Schnellfahrlokomotive. Da Erfahrungen mit Maschinen in diesem Geschwindigkeitsbereich fehlten, schrieb die DRG die Entwicklung dieser Loks aus. Mit dem Bau wurde schließlich 1933 die Firma Borsig beauftragt, die am 8. März 1935 die 05 001 lieferte. Für die BR 05 hatte man sich für eine Stromlinienverkleidung entschieden, da Versuche mit entsprechenden Verkleidungen einen deutlichen Leistungsgewinn im oberen Geschwindigkeitsbereich ergeben hatten.

Die 05 002 stellte am 11. Mai 1936 den Geschwindigkeitsrekord für deutsche Dampfloks auf: Auf der Fahrt von Hamburg nach Berlin erreichte sie mit einem 197 t schweren Zug 200,4 km/h. Außer zu Testfahrten setzte die DRG die BR 05 vor Schnellzügen auf der Strecke Hamburg–Berlin ein. Die BR 05 verblieb nach dem Zweiten Weltkrieg bei der DB, die die Loks – nun ohne Stromschale – im Bw Hamm stationierte. Im Sommer 1958 wurden sie ausgemustert. Die 05 001 blieb für das VM Nürnberg erhalten.

Baureihe 10 (Neubaulok DB)

Foto: Krantz

Technische Daten

Bauart	2´C1´h3
Betriebsgattung	S 36.22
Länge ü. Puffer (Tender 2´2´ T 40)	26.503 mm
Höchstgeschwindigkeit v/r	140/90 km/h
Zylinderdurchmesser	480 mm
Kolbenhub	720 mm
Treib- und Kuppelraddurchmesser	2.000 mm
Laufraddurchmesser v/h	1.000/1.000 mm
Kesselüberdruck	18 kp/cm²
Rostfläche	3,96 m²
Verdampfungsheizfläche	216,4 m²
Dienstmasse (2/3 Vorräte)	207,67 t
Brennstoffvorrat	12,5¹ t
Wasserkasteninhalt	40 m³
indizierte Leistung	2.500 PSᵢ
indizierte Zugkraft (0,8)	17,9 Mp

Anmerkung
¹ 12,5 m³ Heizöl

Als Ersatz für die Baureihen 01[10] und 03[10] entwickelte das Bundesbahn-Zentralamt (BZA) Minden unter Federführung des Bauart-Dezernenten Friedrich Witte die BR 10. Nach zahlreichen Diskussionen und Vorentwürfen lieferte Krupp 1956/57 die beiden 2´C1´h3-Maschinen mit einer Achslast von 22 t aus. Mit ihrem langgestreckten, glatten Kessel, der eleganten Teilverkleidung des Triebwerks, der kegeligen Rauchkammertür, dem Kylchap-Doppelschornstein und dem großen Tender hob sich die BR 10 deutlich von den anderen Dampfloks der DB ab.

Doch ein Erfolg war die BR 10 nicht: Zum einen war bei der DB bereits die Entscheidung zur Elektrifizierung der wichtigsten Hauptstrecken gefallen, so dass der Bedarf an Dampfloks sank und es bei den beiden Baumustern blieb. Zum anderen war die BR 10 aufwändig in der Unterhaltung. Weiterhin konnte sie aufgrund ihrer hohen Achslast nicht freizügig eingesetzt werden. Aus diesen Gründen war die BR 10 nur relativ kurz im Einsatz. Bereits am 21. Juni 1968 musterte die DB als letzte die 10 001 aus, die heute im DDM Neuenmarkt-Wirsberg steht.

Baureihe 15 (Länderbahnlok, bayerische S 2/6)

Technische Daten

Bauart	2´B2´h4v
Betriebsgattung	S 26.16
Länge ü. Puffer (Tender bay 2´2 T 26) 21.182 mm	
Höchstgeschwindigkeit v/r	150/50 km/h
Zylinderdurchmesser (HD/ND)	410/610 mm
Kolbenhub	640 mm
Treib- und Kuppelraddurchmesser	2.200 mm
Laufraddurchmesser v/h	1.006/1.006 mm
Kesselüberdruck	14 kp/cm²
Rostfläche	4,71 m²
Verdampfungsheizfläche	214,5 m²
Dienstmasse (2/3 Vorräte)	105,4 t
Brennstoffvorrat	8 t
Wasserkasteninhalt	26m³
indizierte Leistung	k. A.
indizierte Zugkraft (0,8)	k. A.

Anfang des 20. Jahrhunderts brach bei den deutschen Länderbahnen ein Wettlauf um Geschwindigkeitsrekorde aus. Nach Schnellfahrversuchen der Badischen und Preußischen Staatsbahnen sah man sich in Bayern zum Handeln gezwungen. Die Bayerische Staatsbahn beauftragte die Firma Maffei 1905 mit der Entwicklung einer entsprechenden Maschine. Nach nur vier Monaten legten die Ingenieure den Entwurf für eine 2´B2´h4v-Maschine vor, die bereits am 3. Mai 1906 geliefert wurde. Die als S 2/6 eingereihte Maschine war mit ihrem Barrenrahmen und dem Rauchrohrüberhitzer der Bauart Schmidt eine sehr moderne Lok. Nach zahlreichen Probefahrten kam die S 2/6 ab 1907 planmäßig auf der Strecke München–Augsburg zum Einsatz, wo sie die Rekord-Geschwindigkeit von 154,5 km/h erreichte. Doch der Stern der S 2/6 sank schnell: Bereits 1910 schob man sie in untergeordnete Dienste ab. Die DRG-Nummer 15 001 erhielt sie nicht mehr, denn die Ausmusterung war bereits beschlossen.

Baureihe 17⁰ (Länderbahnlok, preußische S 10)

Technische Daten

Bauart	2´C h4
Betriebsgattung	S 35.17
Länge ü. Puffer (Tender pr 2´2´ T 31,5)	20.750 mm
Höchstgeschwindigkeit v/r	110/50 km/h
Zylinderdurchmesser	430 mm
Kolbenhub	630 mm
Treib- und Kuppelraddurchmesser	1.980 mm
Laufraddurchmesser	1.000 mm
Kesselüberdruck	14 kp/cm²
Rostfläche	2,86 m²
Verdampfungsheizfläche	155,5 m²
Dienstmasse (2/3 Vorräte)	129,3 t
Brennstoffvorrat	7 t
Wasserkasteninhalt	31,5 m³
indizierte Leistung	1.170 PS_i
indizierte Zugkraft (0,8)	6,5 Mp

Bereits 1907 genügten bei der preußischen Staatsbahn die zweifachgekuppelten Maschinen nicht mehr den betrieblichen Belangen. Es sollten aber noch knapp drei Jahre vergehen, bis die BMAG die ersten beiden 2´C h4-Maschinen der Gattung S 10 lieferte. Die Baumuster überzeugten noch nicht ganz: Die Kesselleistung war zu knapp für das Vierzylinder-Triebwerk bemessen und der Blechrahmen behinderte Arbeiten am Innentriebwerk. Die Serienlieferung der S 10, nun mit einem kombinierten Blech-Barren-Rahmen, begann 1911. Einschließlich der Baumuster stellte die Preußische Staatsbahn 202 S 10 in Dienst.

Die Reparationsforderungen der Siegermächte des Ersten Weltkrieges reduzierten den Bestand um fast ein Drittel, so dass die DRG 1925 nur noch 135 Loks übernehmen konnte. Die hohen Unterhaltungskosten und der überdurchschnittliche Kohleverbrauch waren ausschlaggebend für die baldige Ausmusterung der S 10. Bis 1935 hatte sich die DRG von fast allen Loks getrennt. Die teilweise aufgeschnittene 17 008 ist im DTM Berlin zu sehen.

Baureihe 17^{10} (Länderbahnlok, preußische S 10^1)

Technische Daten

Bauart	2´C h4v
Betriebsgattung	S. 37.17
Länge ü. Puffer	
(Tender pr 2´2´ T 31,5)	20.910 mm
Höchstgeschwindigkeit v/r	120/50 km/h
Zylinderdurchmesser (HD/ND)	400/610 mm
Kolbenhub	660 mm
Treib- und Kuppelraddurchmesser	1.980 mm
Laufraddurchmesser v	1.000 mm
Kesselüberdruck	15 kp/cm^2
Rostfläche	3,18 m^2
Verdampfungsheizfläche	163,06 m^2
Dienstmasse (2/3 Vorräte)	135,2 t
Brennstoffvorrat	7 t
Wasserkasteninhalt	31,5 m^3
indizierte Leistung	1.420 PS$_i$
indizierte Zugkraft (0,8)	7,4 Mp

Nach den Erfahrungen mit der S 10, regte das für die Preußische Staatsbahn zuständige Ministerium der öffentlichen Arbeiten die Entwicklung einer Vierzylinderverbund-Variante der S 10 an. Der Grund für diese Entscheidung waren die Erfolge der Verbundmaschinen bei den süddeutschen Staatsbahnen. Außerdem verlangten mehrere Direktionen nach einer stärkeren Schnellzuglok. Die Entwicklung der als S 10^1 bezeichneten Gattung übernahm die Firma Henschel, die auch 1911 die erste der zehn Maschinen lieferte. Die S 10^1 übertraf die S 10 deutlich in Sachen Leistung und Verbrauch. Die S 10^1 war die stärkste preußische Schnellzuglok.

Den 1911 und 1912 gebauten Maschinen folgte 1914 eine überarbeitete Variante. Die DRG konnte auf die S 10^1 nicht verzichten. Erst mit der Indienststellung der BR 03 ab 1930 wurde die S 10^1 aus dem hochwertigen Reisezugdienst schrittweise verdrängt.

Nach dem Zweiten Weltkrieg sank der Stern der Loks schnell: Die DB musterte alle S 10^1 bis 1950 aus. Die DR rüstete 15 Maschinen mit einer Kohlenstaubfeuerung des Systems Wendler aus und setzte sie bis 1963 ein. Die heutige Museumslokomotive 17 1055, eine Lok der Bauart 1911, zeigt sich im VM Dresden weitgehend im Anlieferungszustand.

Schnellfahrlok 18 201 (Rekolok DR)

Technische Daten

Bauart	2´C1´h3
Betriebsgattung	S 36.20
Länge ü. Puffer (Tender 2´2´ T 34)	25.145 mm
Höchstgeschwindigkeit v/r	175/50 km/h
Zylinderdurchmesser	520 mm
Kolbenhub	660 mm
Treib- und Kuppelraddurchmesser	2.300 mm
Laufraddurchmesser v/h	1.100/1.250 mm
Kesselüberdruck	16 kp/cm²
Rostfläche	4,23 m²
Verdampfungsheizfläche	206,3 m²
Dienstmasse (2/3 Vorräte)	176,9 t
Brennstoffvorrat	13,5[1] t
Wasserkasteninhalt	34 m³
indizierte Leistung	ca. 1.800 PS$_i$
indizierte Zugkraft (0,8)	k. A.

Anmerkung
[1] 13,5 m³ Heizöl

Ein Star unter den Museumsloks ist die 18 201. Mit einer Höchstgeschwindigkeit von 175 km/h ist sie die zurzeit schnellste betriebsfähige Dampflok der Welt. Die DR in der DDR benötigte Ende der 50er-Jahre für die Erprobung neuer Reisezugwagen eine Lokomotive, die Geschwindigkeiten von 160 km/h fahren konnte. Da geeignete Diesel- und Elloks noch fehlten, suchte die Versuchs- und Entwicklungsstelle der Maschinenwirtschaft (VES-M) Halle nach einer Dampflok. Für 150 km/h und mehr war aber nur die 61 002, die die DRG für den Henschel-Wegmann-Zug beschafft hatte, zugelassen. Zwar besaß die 61 002 ein sehr gutes Trieb- und Laufwerk, doch der Kessel war nicht mehr verwendbar. So entstand die Idee im Rahmen des Reko-Programms auf dem Triebwerk der 61 002 eine Schnellfahr-Schlepptenderlok aufzubauen. Die dafür notwendigen Unterlagen erstellte die VES-M Halle. Den Umbau übernahm schließlich das Raw Meiningen, wobei neben dem Reko-Kessel vom Typ 39 E u.a. ein neuer Mittelzylinder und ein Giesl-Flachejektor eingebaut wurden. Die geschwungenen Witte-Windleitbleche, die Domverkleidung, die spitze Rauchkammertür, die Verkleidung der vorderen Pufferbohle und die grüne Lackierung verliehen der 18 201 ein unverwechselbares Aussehen. Nach ihrem Umbau wurde die Lok im Bw Halle P stationiert, wo sie noch heute betreut wird.

Baureihe 18³ (Länderbahnlok, badische IV h; Umbaulok DB, Rekolok DR)

Foto: Endisch

Technische Daten

	18 316, 18 323	18 314
Bauart	2´C1´h4v	2´C1´h4v
Betriebsgattung	S 36.17	S 36.19
Länge ü. Puffer		
(Tender bad 2´2 T 29,6)	23.230 mm	23.630[1] mm
Höchstgeschwindigkeit v/r	140[2]/50 km/h	150/50 km/h
Zylinderdurchmesser (HD/ND)	440/680 mm	440/680 mm
Kolbenhub	680 mm	680 mm
Treib- und Kuppelraddurchmesser	2.100 mm	2.100 mm
Laufraddurchmesser v/h	990/1.200 mm	990/1.200 mm
Kesselüberdruck	15 kp/cm²	16 kp/cm²
Rostfläche	4,95 m²	4,23 m²
Verdampfungsheizfläche	221,11 m²	199,5 m²
Dienstmasse (2/3 Vorräte)	160,2 t	168,3 t
Brennstoffvorrat	11 t	13,5[3] t
Wasserkasteninhalt	29,6 m³	34 m³
indizierte Leistung	1.950 PS$_i$	ca. 2.000 PS$_i$
indizierte Zugkraft (0,8)	8,9 Mp	9,1 Mp

Anmerkung
[1] mit Tender 2´2´ T 34
[2] mit Sondergenehmigung auch 155 km/h möglich
[3] 13,5 m³ Heizöl

Die Badische Staatsbahn schrieb die Entwicklung einer 2´C1´-Maschine aus, die im Rheintal einen 525 t schweren Zug mit 100 km/h befördern konnte. Den Wettbewerb gewann Maffei mit seiner 2´C1´h4v-Maschine, deren erste Exemplare 1918 abgeliefert wurden. Die Badische Staatsbahn beschaffte insgesamt 20 IV h.

Obwohl die IV h ausgezeichnete Laufeigenschaften besaß, war ihr aufgrund ihres höheren Wasser- und Kohlenverbrauchs gegenüber den Einheitsloks kein großer Erfolg vergönnt. Die DB musterte die Loks bis 1950 aus. Dank ihres sehr guten Lauf- und Triebwerks nahm das Bundesbahn-Zentralamt Minden drei IV h als Bremsloks wieder in Betrieb. Zwei blieben bis heute erhalten.

Die 18 314 kam 1948 zur DR in die Sowjetische Besatzungszone. Die VES-M Halle nutzte die 18 314 als Bremslok. Das Raw Zwickau rüstete die 18 314 mit einem Reko-Kessel , einem Einheitsführerhaus und einer Teilverkleidung aus.

Baureihe 18⁴⁻⁵ (Länderbahnlok, bayerische S 3/6)

Technische Daten

	18 461–467	18 478–508
Bauart	2´C1´h4v	2´C1´h4v
Betriebsgattung	S 36.17	S 36.17
Länge ü. Puffer		
(Tender bay 2´2 T 26,4)	21.221 mm	21.3711 mm
Höchstgeschwindigkeit v/r	120/50 km/h	120/50 km/h
Zylinderdurchmesser (HD/ND)	425/650 mm	425/650 mm
Kolbenhub	610/670 mm	610/670 mm
Treib- und Kuppelraddurchmesser	1.870 mm	1.870 mm
Laufraddurchmesser v/h	950/1.206 mm	950/1.206 mm
Kesselüberdruck	15 kp/cm²	16 kp/cm²
Rostfläche	4,53 m²	4,53 m²
Verdampfungsheizfläche	197,41 m²	197,41 m²
Dienstmasse (2/3 Vorräte)	137,4 t	141,2 t
Brennstoffvorrat	7,5 t	8,5 t
Wasserkasteninhalt	26,4 m³	27,4 m³
indizierte Leistung	1.770 PS$_i$	1.830 PS$_i$
indizierte Zugkraft (0,8)	8,49 Mp	9,68 Mp

Mehr als 20 Jahre wurde die bayerische S 3/6 gebaut. Die Bayerische Staatsbahn benötigte Anfang des 20. Jahrhunderts eine neue Schnellzugmaschine, mit deren Entwicklung im Frühjahr 1907 die Firma Maffei beauftragt wurde. Das Baumuster der als S 3/6 bezeichneten 2´C 1 h4v-Maschine lieferte Maffei am 16. Juli 1908 ab. Nach ausgiebigen Testfahrten gab die Bayerische Staatsbahn weitere Baulose in Auftrag.
Da nach dem Ersten Weltkrieg leistungsfähige Schnellzugloks fehlten, beschaffte die DRG weiter die S 3/6. Die letzten Loks wurden erst 1931 abgenommen. Die S 3/6 war eine der besten deutschen Schnellzugloks und wird von vielen als eine der schönsten Dampfloks bezeichnet.

Baureihe 18⁶ (Umbaulok DB)

Technische Daten

Bauart	2´C1´h4v
Betriebsgattung	S 36.18
Länge ü. Puffer	
(Tender bay 2´2 T 31,7)	22.862 mm
Höchstgeschwindigkeit v/r	120/50 km/h
Zylinderdurchmesser (HD/ND)	440/650 mm
Kolbenhub	610/670 mm
Treib- und Kuppelraddurchmesser	1.870 mm
Laufraddurchmesser v/h	950/1.206 mm
Kesselüberdruck	16 kp/cm²
Rostfläche	4,09 m²
Verdampfungsheizfläche	185,16 m²
Dienstmasse (2/3 Vorräte)	155,7 t
Brennstoffvorrat	9 t
Wasserkasteninhalt	31,7 m³
indizierte Leistung	1.950 PS$_i$
indizierte Zugkraft (0,8)	9,68 Mp

Bei der DB herrschte Anfang der 50er-Jahre ein Mangel an leistungsstarken Dampflokomotiven für den schweren Schnellzugdienst. Auf Druck der süddeutschen Bundesbahndirektionen beschloss die Hauptverwaltung der DB, einige S 3/6 zu modernisieren. Insgesamt 30 Loks – alle aus den Baujahren 1927–1930 – rüsteten die Ausbesserungswerke München-Freimann und Ingolstadt mit geschweißten Verbrennungskammer-Kesseln, neuen Führerhäusern und Armaturen aus. Zur besseren Unterscheidung von den alten Loks wurden diese S 3/6 als BR 18⁶ bezeichnet.
Der Umbau war ein voller Erfolg: Mit einem Gesamtwirkungsgrad von bis zu 10 % gehörten sie zu den besten Dampfloks der DB. Doch die Freude war nur kurz. Der am Kessel angeschweißte Pumpenträger übertrug die von Luft- und Speisepumpe erzeugten Schwingungen auf den Dampferzeuger, was zu Rissen führte. Durch die damit notwendige Reduzierung des Kesseldruckes verloren die Loks viel von ihrer Leistung. Bis 1965 hatte die DB deshalb die umgebauten S 3/6 ausgemustert.

Baureihe 19⁰ (Länderbahnlok, sächsische XX HV)

Foto: Klaus

Technische Daten

Bauart	1´D1´h4v
Betriebsgattung	S 46.17
Länge ü. Puffer	
(Tender sä 2´2 T 31)	22.632 mm
Höchstgeschwindigkeit v/r	120/50 km/h
Zylinderdurchmesser (HD/ND)	480/720 mm
Kolbenhub	630 mm
Treib- und Kuppelraddurchmesser	1.905 mm
Laufraddurchmesser v/h	1.065/1.250 mm
Kesselüberdruck	15 kp/cm²
Rostfläche	4,5 m²
Verdampfungsheizfläche	227,05 m²
Dienstmasse (2/3 Vorräte)	162,7 t
Brennstoffvorrat	7 t
Wasserkasteninhalt	31m³
indizierte Leistung	1.800 PS$_i$
indizierte Zugkraft	k. A.

Als »Sachsenstolz« ist die BR 19 bekannt. Für den schweren Schnellzugdienst auf der Strecke Dresden–Chemnitz– Reichenbach–Hof benötigten die K.Sächs.Sts.E. während des Ersten Weltkrieges eine neue Maschine. Da die bisher eingesetzten Dreikuppler ihre Leistungsgrenze erreicht hatten, gaben die K.Sächs.Sts.E. bei der SMF eine 1´D1´h4v-Lok in Auftrag. Am 8. März 1918 lieferte die SMF die erste Maschine der neuen Gattung XX HV ab. Sie war die größte europäische Schnellzuglok ihrer Zeit. Bis 1923 wurden insgesamt 23 dieser imposanten Maschinen gebaut. Die ersten Einsätze der XX HV verliefen zur vollsten Zufriedenheit der Staatsbahn. Die geforderten Schlepplasten wurden mühelos erreicht, doch die BR 19 konnte nicht überall problemlos eingesetzt werden. Die Abstimmung zwischen Kessel und Triebwerk stimmte nicht. Auf der Strecke Dresden–Hof, wo sich Berg- und Talfahrten abwechselten, fiel das nicht so sehr ins Gewicht, doch auf der Strecke Dresden–Berlin hatten die Personale oft Mühe, den Dampfdruck zu halten – und das bei deutlich höherem Kohlenverbrauch.

Nach dem Zweiten Weltkrieg setzte die DR in der DDR nur noch wenige 19er ein. Ab 1958 waren nur noch drei einsatzfähig, die die Versuchs- und Entwicklungsstelle der Maschinenwirtschaft (VES-M) Halle als Bremsloks nutzten.

Baureihe 22 (Rekolok DR)

Foto: Endisch

Technische Daten

Bauart	1´D1´h3
Betriebsgattung	P 46.18
Länge ü. Puffer (Tender 2´2´ T 34)	23.700 mm
Höchstgeschwindigkeit v/r	110/50
Zylinderdurchmesser	520 mm
Kolbenhub	660 mm
Treib- und Kuppelraddurchmesser	1.750 mm
Laufraddurchmesser v/h	1.000/1.1000 mm
Kesselüberdruck	16 kp/cm²
Rostfläche	4,23 m²
Verdampfungsheizfläche	206,3 m²
Dienstmasse (2/3 Vorräte)	165,5 t
Brennstoffvorrat	10 t
Wasserkasteninhalt	34 m³
indizierte Leistung	1.690 PS$_i$
indizierte Zugkraft (0,8)	17,5 Mp

Im schweren Reisezugdienst auf den Hauptstrecken im sächsischen und thüringischen Hügelland dominierte in den 50er-Jahren bei der DR in der DDR die BR 39. Doch die ehemalige preußische P 10 krankte an der schlechten Abstimmung zwischen Kessel- und Triebwerksleistung. Außerdem war die P 10 durch ihren trapezförmigen Rost in der Feuerführung recht schwierig. Da die DR aber mittelfristig nicht auf die 1´D 1´h3-Maschinen verzichten konnte, wurden sie im Rahmen des Rekonstruktions-Programms grundlegend erneuert. Kernstück war dabei der Einbau eines geschweißten, für die Verfeuerung von Braunkohle ausgelegten Verbrennungskammer-Kessels. Außerdem erhielten die Loks neue Zylinder und Führerhäuser, einen Mischvorwärmer und Druckausgleich-Kolbenschieber der Bauart Trofimoff.

Das Raw Meiningen stellte 1958 die erste rekonstruierte P 10, nun als BR 22 bezeichnet, fertig. Bis 1962 folgten weitere 84 Loks. Die BR 22 war der alten P 10 deutlich überlegen. Allerdings quittierte das Triebwerk die höheren Zuglasten, die der sehr verdampfungsfreudige Kessel ermöglichte, mit einem höheren Unterhaltungsaufwand. Dies und der fortschreitende Traktionswechsel waren die Ursachen für die bereits 1968 einsetzende Ausmusterung. Zu Dampfspendern umgebaut blieben einige 22er erhalten. Komplett ist leider derzeit keine von ihnen.

Baureihe 23 (Neubaulok DB)

Foto: Krantz

Technische Daten

Bauart	1´C1´h2
Betriebsgattung	P 35.18
Länge ü. Puffer (Tender 2´2´ T 31)	21.325 mm
Höchstgeschwindigkeit v/r	110/85
Zylinderdurchmesser	550 mm
Kolbenhub	660 mm
Treib- und Kuppelraddurchmesser	1.750 mm
Laufraddurchmesser v/h	1.000/1.250 mm
Kesselüberdruck	16 kp/cm²
Rostfläche	3,11 m²
Verdampfungsheizfläche	156,28 m²
Dienstmasse (2/3 Vorräte)	147,8 t
Brennstoffvorrat	8 t
Wasserkasteninhalt	31 m³
indizierte Leistung	1.785 PS$_i$
indizierte Zugkraft (0,8)	14,6 Mp

Bereits im Frühjahr 1948 begannen bei der Reichsbahn in den westlichen Besatzungszonen Vorarbeiten für ein neues Dampflok-Typenprogramm. Ganz oben auf der Liste stand dabei eine Ablösung der preußischen P 8. Die 1´C1´h2-Maschine sollte 110 km/h schnell sein. Bereits im Frühjahr 1949 lagen die ersten Entwürfe vor. Die noch junge Bundesbahn entschied sich für den Entwurf der Firma Henschel, die Ende 1950 auch die Prototypen lieferte.

Typisch für die BR 23 der Bundesbahn war die gedrungene Bauweise. Der relativ kurze geschweißte Verbrennungskammer-Kessel, das geschlossene Führerhaus, der geschweißte Blechrahmen sowie der als selbsttragende Konstruktion ausgeführte Tender waren weitere Merkmale der BR 23.

Bis 1959 stellte die Bundesbahn insgesamt 105 Maschinen in Dienst. Die am 4. Dezember 1959 abgenommene 23 105 war die letzte Neubau-Dampflok der DB. Zwar war die 23er eine leistungsstarke Maschine, die Dank ihres verdampfungsfreudigen Kessels und ihrer sehr guten Beschleunigung sogar teilweise die BR 03 in einigen Bereichen ersetzen konnte, doch die Probleme mit den Heißdampfreglern und einigen Vorwärmern brachten der BR 23 einen teilweise schlechten Ruf ein. Zu den Hochburgen der 23er gehörten Hagen, Kaiserslautern, Kempten und Saarbrücken.

Baureihe 23¹⁰ (Neubaulok DR)

Foto: Endisch

Technische Daten

Bauart	1´C1´h2
Betriebsgattung	P 35.18
Länge ü. Puffer (Tender 2´2´ T 28)	22.600 mm
Höchstgeschwindigkeit v/r	110/50 km/h
Zylinderdurchmesser	550 mm
Kolbenhub	660 mm
Treib- und Kuppelraddurchmesser	1.750 mm
Laufraddurchmesser v/h	1.000/1.250 mm
Kesselüberdruck	16 kp/cm²
Rostfläche	3,71 m²
Verdampfungsheizfläche	159,6 m²
Dienstmasse (2/3 Vorräte)	138,0 t
Brennstoffvorrat	10 t
Wasserkasteninhalt	28 m³
indizierte Leistung	1.600 PS$_i$
indizierte Zugkraft (0,8)	14,6 Mp

Das 1952 aufgestellte Neubaulok-Programm der Deutschen Reichsbahn enthielt auch eine 1´C1´h2-Schlepptendermaschine, die in erster Linie die preußische P 8 ersetzen sollte. Die Entwicklung der als BR 23¹⁰ bezeichneten Lok begann 1953. Die wichtigsten Merkmale der 23¹⁰ waren der Blechrahmen, der geschweißte, für die Verfeuerung von Braunkohle ausgelegte Verbrennungskammer-Kessel, der Mischvorwärmer und der geschweißte Tender der Bauart 2´2´T28. Die beiden Baumuster lieferte die LKM Babelsberg im Frühjahr 1957 aus.

Die Versuchsfahrten mit der 23¹⁰ waren ein voller Erfolg. Aufgrund der hervorragenden Abstimmung zwischen Strahlungs- und Rohrheizfläche erwies sich der Kessel als ein sehr guter Dampfmacher.

Bis 1959 stellte die DR insgesamt 113 Exemplare der 23¹⁰ in Dienst. Hochburgen der bei den Personalen sehr beliebten Loks waren u.a. Berlin, Cottbus, Dresden, Halle, Leipzig, Neubrandenburg, Nossen und Schwerin. Haupteinsatzgebiet war zunächst der schwere Reisezugdienst. Mit der Indienststellung der Dieselloks der BR V 180 schob man die 23¹⁰ nach und nach in untergeordnete Dienste ab. Im Mai 1977 hatte die 23¹⁰ ausgedient. Die 23 1113 wurde von 1982 bis 1985 von Nossen aus noch einmal vor Planzügen eingesetzt.

Baureihe 24 (Einheitslok)

Foto: Endisch

Technische Daten

Bauart	1´C h2
Betriebsgattung	P 34.15
Länge ü. Puffer (Tender 3 T 16)	16.995 mm
Höchstgeschwindigkeit v/r	90/50 km/h
Zylinderdurchmesser	500 mm
Kolbenhub	660 mm
Treib- und Kuppelraddurchmesser	1.500 mm
Laufraddurchmesser v	850 mm
Kesselüberdruck	14 kp/cm²
Rostfläche	2,04 m²
Verdampfungsheizfläche	104,4 m²
Dienstmasse (2/3 Vorräte)	93,7 t
Brennstoffvorrat	6 t
Wasserkasteninhalt	16 m³
indizierte Leistung	920 PS_i
indizierte Zugkraft (0,8)	12,32 Mp

In der zweiten Hälfte der 20er-Jahre musste die DRG den Betrieb auf ihren Nebenbahnen rationalisieren, wenn sie im Wettbewerb mit dem sich langsam entwickelnden Kraftverkehr bestehen wollte. Oberste Priorität besaß dabei die Verjüngung des überalterten und bunt zusammengewürfelten Lokparks. Aus diesem Grund entwickelte die DRG im Rahmen ihres Einheitslok-Programms eine Typenserie für Nebenbahn-Maschinen. Die Serie umfasste neben den beiden Tenderloks der Baureihen 64 und 86 auch die Schlepptender-Maschinen der BR 24. Diese waren für den Einsatz auf den langen Nebenbahnen in Nord- und Ostdeutschland gedacht.

Die BR 24 war in vielen Teilen mit der BR 64 identisch. Kessel, Zylinder, Steuerung, Radsätze, Laufachsen und viele andere Teile waren zwischen beiden Typen tauschbar. Aus Gründen der Masseverteilung musste jedoch der Kessel nach vorne verschoben werden, so dass Zylinder- und Schornsteinmitte nicht mehr auf einer senkrechten Achse lagen.

Schichau lieferte 1928 die ersten zehn 24er ab. Die DRG stellte bis 1940 insgesamt 95 Loks der BR 24 in Dienst, die die Personale als »Steppenpferde« bezeichneten. Nach dem Zweiten Weltkrieg verblieben 42 Loks bei der DB und nur fünf bei der DR. Die DB trennte sich bis 1966 von ihren 24ern, die DR hingegen stellte erst 1972 ihr letztes »Steppenpferd« ab.

Baureihe 38² (Länderbahnlok, sächsische XII H 2)

Foto: Klaus

Technische Daten

Bauart	2´C h2
Betriebsgattung	P 35.15
Länge ü. Puffer (Tender sä 2´2´ T 21) 18.972 mm	
Höchstgeschwindigkeit v/r	90/50 km/h
Zylinderdurchmesser	550 mm
Kolbenhub	600 mm
Treib- und Kuppelraddurchmesser	1.590 mm
Laufraddurchmesser v	1.065 mm
Kesselüberdruck	13 kp/cm²
Rostfläche	2,83 m²
Verdampfungsheizfläche	162,28 m²
Dienstmasse (2/3 Vorräte)	113,4 t
Brennstoffvorrat	7 t
Wasserkasteninhalt	21 m³
indizierte Leistung	1.320 PS_i
indizierte Zugkraft (0,8)	11,87 Mp

Im schweren Reisezugdienst fehlten den Königlich Sächsischen Staatseisenbahnen (K.Sächs.Sts.E.) Anfang des 20. Jahrhunderts leistungsfähige Loks. Die vorhandenen 1´B- und 2´B-Maschinen waren überfordert. Aus diesem Grund beauftragten die K.Sächs.Sts.E. die SMF mit der Entwicklung einer neuen 2´Ch2-Lok. Bereits 1910 lieferte die SMF die ersten zehn Maschinen der neuen Gattung XII H 2. Typisch für die Maschinen waren der Blechrahmen, der Belpaire-Stehkessel und das Läutewerk auf dem Kessel. Die zunächst verwendeten kegeligen Rauchkammertüren wurden später durch normale ersetzt. Ab 1916 wurde das Umlaufblech tiefer gesetzt. Erst 1927 wurden die letzten Maschinen gebaut. Die XII H 2 erwies sich als eine zugstarke und sparsame Maschine. Ihre sehr guten Laufeigenschaften brachten ihr den Spitznamen »Rollwagen« ein.

In Sachsen bildete die XII H 2 viele Jahre lang das Rückgrat im Reisezugdienst. Der Zweite Weltkrieg riss große Lücken in den Bestand, so dass die DR 1950 nur noch rund 60 Maschinen besaß. Diese blieben aber noch Jahre im Einsatz. Erst Ende der 60er-Jahre hatte der Rollwagen in Sachsen ausgedient. Im Sommer 1970 waren nur noch vier Loks einsatzfähig, die aber bis 1971 alle abgestellt wurden. Als Traditionslok bewahrte die DR die 38 205 vor dem Schneidbrenner. Seit 1998 ist aber auch ihr Kessel kalt.

Baureihe 38¹⁰⁻⁴⁰ (Länderbahnlok, preußische P 8)

Foto: Klaus

Technische Daten

Bauart	2´C h2
Betriebsgattung	P 35.17
Länge ü. Puffer	
(Tender pr 2´2´ T 21,5)	18.585 mm
Höchstgeschwindigkeit v/r	100/50 km/h
Zylinderdurchmesser	575 mm
Kolbenhub	630 mm
Treib- und Kuppelraddurchmesser	1.750 mm
Laufraddurchmesser v	1.000 mm
Kesselüberdruck	12 kp/cm²
Rostfläche	2,64 m²
Verdampfungsheizfläche	143,9 m²
Dienstmasse (2/3 Vorräte)	118,2 t
Brennstoffvorrat	7 t
Wasserkasteninhalt	21,5 m³
indizierte Leistung	1.180 PS_i
indizierte Zugkraft (0,8)	11,43 Mp

Ein »Mädchen für Alles« war die preußische P 8. Anfang des 20. Jahrhunderts suchte die Preußische Staatsbahn eine Lok, die den schweren Schnellzugdienst übernehmen sollte. 1905 legte der zuständige Bauart-Dezernent Robert Garbe den Entwurf einer 2´Ch2-Schlepptenderlok vor, von der die BMAG 1906 die ersten zehn Maschinen lieferte. Zwar bewies die P 8 auf ihren ersten Testfahrten zwischen Berlin und Mansfeld, dass sie eine zugstarke und wirtschaftliche Lok war, doch besaß sie auch einige Mängel. Ihre Laufeigenschaften im oberen Geschwindigkeitsbereich konnten nicht befriedigen, so dass die Höchstgeschwindigkeit von 110 auf 100 km/h reduziert werden musste. Nach weiteren kleineren konstruktiven Änderungen ging die P 8 in Serienfertigung. Sie wurde mit über 3.400 Exemplaren die meistgebaute deutsche Personenzuglok. Nicht nur in Deutschland, u.a. auch in Belgien, Frankreich, Rumänien und Polen war die P 8 anzutreffen.

Bei den Personalen erfreuten sich die robusten und pflegeleichten Maschinen großer Beliebtheit. Sie war über Jahrzehnte die Reisezuglok schlechthin. Auch nach dem Zweiten Weltkrieg konnten DB (rund 1.200) und DR (rund 700) nicht auf die P 8 verzichten. Die DR musterte ihre 38er bis 1972 aus. Bei der DB quittierte erst 1974 die 38 1772 als letzte ihrer Baureihe im Bw Tübingen den Dienst.

Baureihe 39⁰ (Länderbahnlok, preußische P 10)

Foto: Krantz

Technische Daten

Bauart	1´D1´h3
Betriebsgattung	P 46.19
Länge ü. Puffer	
(Tender pr 2´2´ T 31,5)	22.980 mm
Höchstgeschwindigkeit v/r	110/50 km/h
Zylinderdurchmesser	520 mm
Kolbenhub	660 mm
Treib- und Kuppelraddurchmesser	1.750 mm
Laufraddurchmesser v/h	1.000/1.100 mm
Kesselüberdruck	14 kp/cm²
Rostfläche	4,08 m²
Verdampfungsheizfläche	217,01 m²
Dienstmasse (2/3 Vorräte)	162,7 t
Brennstoffvorrat	7 t
Wasserkasteninhalt	31,5 m³
indizierte Leistung	1.620 PS$_i$
indizierte Zugkraft (0,8)	17,13 Mp

Mit den ab 1910 ständig steigenden Zuglasten war die P 8 auf den Strecken im Mittelgebirge überlastet. Die immer häufigeren Vorspannleistungen trieben die Ausgaben in die Höhe, so dass die Preußische Staatsbahn eine neue Personenzuglok benötigte. Im Herbst 1919 legte Borsig die Unterlagen für eine 1´D1´h3-Maschine vor. Mit der Übernahme der Länderbahnen durch das Deutsche Reich 1920 verzögerte sich der Bau der neuen Maschine allerdings, da zunächst an die Beschaffung der späteren BR 19 gedacht war. Die erwarteten geringen Unterhaltungskosten der 1´D1´h3-Lok führten letztlich zum Bau der P 10, von der Borsig 1921 die ersten zehn Exemplare lieferte. Bis 1927 stellte die DRG insgesamt 260 Maschinen in Dienst.

Die P 10 war zwar eine zugstarke Lok, doch die falsche Abstimmung zwischen Kessel- und Triebwerksleistung, die zu geringe Saugzugleistung und die ungenügende Luftzufuhr zum Rost erforderten von den Lokführern viel Geschick im Umgang mit der Lok. Zudem verlangte der trapezförmige Rost vom Heizer besonderes Können. Die DR in der DDR behob diese Probleme, indem sie die P 10 rekonstruierte (siehe BR 22). Die DB verzichte hingegen bei ihren 154 Loks auf einen grundlegenden Umbau. Im Sommer 1967 wurden die letzten Loks ausgemustert.

Baureihe 41 (Umbaulok DB)

Foto: Reiners

Technische Daten

Bauart	1´D1´h2
Betriebsgattung	G 46.18
Länge ü. Puffer (Tender 2´2´ T 34)	23.905 mm
Höchstgeschwindigkeit v/r	90/50 mm km/h
Zylinderdurchmesser	520 mm
Kolbenhub	720 mm
Treib- und Kuppelraddurchmesser	1.600 mm
Laufraddurchmesser v/h	1.000/1.250 mm
Kesselüberdruck	16 kp/cm²
Rostfläche	3,87 m²
Verdampfungsheizfläche	177,54 m²
Dienstmasse (2/3 Vorräte)	104,2 t
Brennstoffvorrat	12[1] t
Wasserkasteninhalt	34 m³
indizierte Leistung	1.980 PS_i
indizierte Zugkraft (0,8)	15,6 Mp

Anmerkung:
[1] 12 m³ Heizöl

Die DRG benötigte in der zweiten Hälfte der 30er-Jahre neue Dampflokomotiven für die Beschleunigung des Güterverkehrs. 1936 lieferte die BMAG die ersten beiden Prototypen der BR 41 aus. Die 1´D1´-Maschinen erwiesen sich als eine hervorragende Konstruktion, von der die Reichsbahn bis 1941 insgesamt 366 Exemplare in Dienst stellte.

Sehr bald zeigte sich, dass die BR 41 im Güterzug- und Reisezugdienst eingesetzt werden konnte. Sie war eine der wenigen universell einsetzbaren Dampfloks. Allerdings erwies sich der zum Bau der Kessel verwendete Stahl St 47 K als spröde und nicht alterungsbeständig. Durch die Reduzierung des Kesseldruckes konnte man den Alterungsprozess zwar verlangsamen, Anfang der 50er-Jahre musste die Deutsche Bundesbahn aber einen neuen Dampferzeuger für die BR 41 entwickeln. Die DB entwarf einen Verbrennungskammer-Kessel, der eine bessere Abstimmung zwischen Strahlungs- und Rohrheizfläche besaß, womit die Verdampfungsleistung anstieg. Mit diesem größeren Dampfangebot gelang es, den durch die Reduzierung des Kesseldruckes eingetretene Leistungsverlust der BR 41 zu kompensieren. Zwischen 1957 und 1962 rüstete die DB 102 ihrer 220 Maschinen mit dem neuen Dampferzeuger aus. 40 Loks erhielten zusätzlich eine Öl-hauptfeuerung.

Baureihe 41 (Rekolok DR)

Foto: Klaus

Technische Daten

Bauart	1´D1´h2
Betriebsgattung	G 46.18
Länge ü. Puffer (Tender 2´2´ T 32)	23.905 mm
Höchstgeschwindigkeit v/r	90/50 km/h
Zylinderdurchmesser	520 mm
Kolbenhub	720 mm
Treib- und Kuppelraddurchmesser	1.600 mm
Laufraddurchmesser v/h	1.000/1.250 mm
Kesselüberdruck	16 kp/cm²
Rostfläche	4,23 m²
Verdampfungsheizfläche	206,3 m²
Dienstmasse (2/3 Vorräte)	164,7 t
Brennstoffvorrat	10 t
Wasserkasteninhalt	32
indizierte Leistung	ca 1.950 PS$_i$
indizierte Zugkraft (0,8)	15,6 Mp

Die Deutsche Reichsbahn in der DDR hatte wie die Deutsche Bundesbahn Anfang der 50er-Jahre erhebliche Probleme mit den Kesseln der BR 41. Der spröde und nicht alterungsbeständige Stahl St 47 K bereitete in der Unterhaltung erhebliche Probleme. Ein weiteres Handikap der BR 41 war die Braunkohlenfeuerung bei der DR, da dadurch die Leistung weiter sank. Da die DR langfristig nicht auf die Universalloks verzichten konnte, beschloss sie, die BR 41 im Rahmen ihres Rekonstruktions-Programms grundlegend zu modernisieren. Wie die DB entwickelte auch die DR einen Verbrennungskammer-Kessel, der durch seine sehr gute Abstimmung zwischen der Strahlungs- und der Rohrheizfläche eine deutlich größere Verdampfungsleistung als die alte Konstruktion besaß. Der Reko-Kessel vom Typ 39 E konnte bis zu 15 t/h Dampf erzeugen (DB-Kessel: 13,32 t/h).

Die Raw Karl-Marx-Stadt und Zwickau rüsteten 1961/62 insgesamt 80 Maschinen der BR 41 mit dem Reko-Kessel aus. Die universell einsetzbaren Maschinen konzentrierte die DR in den Direktionen Erfurt, Greifswald und Magdeburg, wo sie vom Schnellzug bis hin zum internationalen Güterzug alle Leistungen erfüllten. Erst Mitte der 70er-Jahre sank der Stern der 41er. Die Ölkrise Anfang der 80er-Jahre verlängerte den Einsatz der BR 41 bis 1988.

Baureihe 42 (Kriegslok)

Foto: Reiners

Technische Daten

Bauart	1´E h2
Betriebsgattung	G 56.18
Länge ü. Puffer (Tender 2´2´ T 30)	23.000 mm
Höchstgeschwindigkeit v/r	80/50 km/h
Zylinderdurchmesser	630 mm
Kolbenhub	660 mm
Treib- und Kuppelraddurchmesser	1.400 mm
Laufraddurchmesser v	850 mm
Kesselüberdruck	16 kp/cm²
Rostfläche	4,7 m²
Verdampfungsheizfläche	199,6 m²
Dienstmasse (2/3 Vorräte)	142,1 t
Brennstoffvorrat	10 t
Wasserkasteninhalt	30 m³
indizierte Leistung	1.800 PS_i
indizierte Zugkraft (0,8)	23,96 Mp

Bereits 1941 meldete die Reichsbahn einen Bedarf an einer einfachen aber leistungsstarken Dampflok mit einer Achslast von 18 Tonnen für den Einsatz in Österreich an. Als so genannte 2. Kriegsdampflokomotive (KDL 2) wurde die BR 42 Anfang 1942 zur Konstruktion ausgeschrieben. Unter den insgesamt 20 Vorschlägen wählte der zuständige Hauptausschuss Schienenfahrzeuge im Ministerium für Bewaffnung und Munition drei Varianten aus. Neben 2.500 Maschinen mit konventionellem Kessel wurden 1.150 Loks mit Brotan-Kessel und 650 Exemplare mit Brotan-Kessel und Kondenstender in Auftrag gegeben. Doch außerdem den zwei Baumustern mit Brotan-Kessel wurden von den deutschen Herstellern ab 1944 nur noch 844 Loks mit normalem Kessel geliefert. In Österreich und Polen wurden nach 1945 weitere Einheiten gefertigt, so dass die Gesamtzahl über 1.000 liegt. Die als »Kohlenfresser« verrufene BR 42 schied bei der DB bis 1954 und bei der DR bis 1969 aus. In Polen, Österreich und Bulgarien standen die Loks länger im Einsatz.

Baureihe 43 (Einheitslok)

Technische Daten

Bauart	1´E h2
Betriebsgattung	G 56.20
Länge ü. Puffer (Tender 2´2´ T 32)	22.615 mm
Höchstgeschwindigkeit v/r	70/50 km/h
Zylinderdurchmesser	720 mm
Kolbenhub	660 mm
Treib- und Kuppelraddurchmesser	1.400 mm
Laufraddurchmesser v	850 mm
Kesselüberdruck	14 kp/cm²
Rostfläche	4,7 m²
Verdampfungsheizfläche	237,0 m²
Dienstmasse (2/3 Vorräte)	171,4 t
Brennstoffvorrat	10 t
Wasserkasteninhalt	32 m³
indizierte Leistung	1.880 PS$_i$
indizierte Zugkraft (0,8)	27,37 Mp

Parallel zur Entwicklung einer neuer Schnellzug-lokomotive stand bei der DRG im Rahmen des Einheitslok-Programms die Konstruktion einer schweren Güterzugmaschine zur Debatte. Unklarheit bestand aber darüber, ob hier ein Zweizylinder- oder ein Dreizylindertriebwerk wirtschaftlicher sei. Zur Klärung dieser Frage entwickelte die DRG eine 1´E h2- und eine 1´E h3-Lok (BR 44), die sich nur im Triebwerk von einander unterschieden. Die von der BMAG und Henschel 1927 als BR 43 gelieferten Zweizylinderloks wurden mit der BR 44 eingehenden Versuchen unterzogen. Die BR 43 erwies sich als sehr gut: Sie erreichte mit 10 Prozent den besten Gesamtwirkungsgrad aller Einheitsloks. Bis 1.500 PS$_i$ war sie wirtschaftlicher als die BR 44, so dass die DRG bis 1928 weitere 25 Exemplare beschaffte.

Problematisch waren bei der BR 43 die großen Kolbenkräfte. Sie führten zu einen erhöhten Verschleiß an den Zylindern, Stangen und Lagern. Nach dem Zweiten Weltkrieg verblieben alle 43er in der DDR, wo die letzten erst 1968 im Bw Cottbus den Dienst quittierten.

Baureihe 44 (Einheitslok)

Technische Daten

Bauart	1´E h3
Betriebsgattung	G 56.20
Länge ü. Puffer (Tender 2´2´ T 34)	22.620 mm
Höchstgeschwindigkeit v/r	80/50 km/h
Zylinderdurchmesser	550 mm
Kolbenhub	660 mm
Treib- und Kuppelraddurchmesser	1.400 mm
Laufraddurchmesser v	850 mm
Kesselüberdruck	16 kp/cm²
Rostfläche	4,7 m²
Verdampfungsheizfläche	238,0 m²
Dienstmasse (2/3 Vorräte)	167,8 t
Brennstoffvorrat	10 t
Wasserkasteninhalt	34 m³
indizierte Leistung	1.910 PSᵢ
indizierte Zugkraft (0,8)	27,38 Mp

Aufgrund ihrer Zugkraft sind die Dreizylinder-Maschinen der BR 44 als »Jumbo« gemeinhin bekannt. Nachdem die DRG zunächst der BR 43 den Vorzug gegeben hatte, benötigte man in der zweiten Hälfte der 30er-Jahre neue Maschinen zur Beschleunigung des Güterverkehrs. Die DRG gab aber keinen Nachbau der 1926 gelieferten Prototypen in Auftrag. Die wichtigsten Merkmale der neuen 44er waren die kleineren Zylinder, der höhere Kesseldruck und der niedriger liegende Kessel. Nach der so genannten Zwischenausführung begann 1937 die Serienlieferung. Bis 1944 wurden über 1.700 Jumbos gefertigt.

Nach dem Zweiten Weltkrieg bildete die BR 44 bei der Deutschen Bundesbahn (1.242 Loks) und bei der Deutschen Reichsbahn (335 Loks) über Jahrzehnte hinweg das Rückgrat im schweren Güterzugdienst. Zur Steigerung der Leistung und Entlastung des Heizers von seiner schweren Arbeit rüsteten beide Bahnverwaltungen einige Jumbos mit einer Ölhauptfeuerung aus (DB: 33; DR: 95). Die DR stattete weiterhin 22 Loks mit einer Kohlenstaubfeuerung aus. Die DB musterte 1976 ihre letzten kohlegefeuerten 44er aus, ein Jahr später folgten die Öl-Loks. Die DR hatte zu diesem Zeitpunkt bereits von ihren kohle- und staubgefeuerten Jumbos getrennt. Die Öl-44er wurden 1981 ein Opfer der Ölkrise. Auf Kohlefeuerung zurückgebaut standen die letzten von ihnen bis 1991 als Heizloks unter Dampf.

Foto: Krantz

Technische Daten

Bauart	1´E1´ h3
Betriebsgattung	G 57.20
Länge ü. Puffer	
(Tender 2´3 T 29 Stoker)	25.645 mm
Höchstgeschwindigkeit v/r	90/50 km/h
Zylinderdurchmesser	520 mm
Kolbenhub	720 mm
Treib- und Kuppelraddurchmesser	1.600 mm
Laufraddurchmesser v/h	1.000/1.250 mm
Kesselüberdruck	16 kp/cm^2
Rostfläche	4,47 m^2
Verdampfungsheizfläche	269,02 m^2
Dienstmasse (2/3 Vorräte)	193,8 t
Brennstoffvorrat	12 t
Wasserkasteninhalt	29 m^3
indizierte Leistung	2.800 PS$_i$
indizierte Zugkraft (0,8)	23,36 Mp

Bereits Anfang der 30er-Jahre machte sich die DRG Gedanken um die Beschaffung einer 90 km/h schnellen Güterzuglok für den Einsatz im Mittelgebirge. Nach zahllosen Diskussionen wurde die BR 45 als 1´E 1´h3-Maschine in Auftrag gegeben. Die beiden Prototypen lieferte Henschel 1936. Die BR 45 ging als größte, schnellste und leistungsstärkste deutsche Güterzuglok in die Eisenbahngeschichte ein. Doch diese Superlative wurden teuer erkauft: Der Kessel mit seinen riesigen 7.500 mm langen Rohren erwies sich als sehr unterhaltungsaufwändig. Ihre Leistung konnten die insgesamt 28 Maschinen nie richtig ausspielen.

Die DB hatte für ihre nach dem Zweiten Weltkrieg übernommen 27 Maschinen keine richtige Verwendung. Lediglich das Bundesbahn-Zentralamt (BZA) Minden meldete einen langfristigen Bedarf an: Aufgrund ihrer 90 km/h Höchstgeschwindigkeit und ihres Dreizylindertriebwerks eignete sich die BR 45 sehr gut als Bremslok bei der Erprobung neuer Maschinen. Das BZA Minden entwickelte einen neuen Verbrennungskammer-Kessel mit einer verkleinerten Rostfläche, von dem Krupp 1951 fünf Stück lieferte. Die fünf Bremsloks verrichten ihren Dienst zur vollsten Zufriedenheit des BZA. Anfang der 1968 waren noch drei von ihnen einsatzfähig. Lediglich die 45 010 blieb im VM Nürnberg erhalten.

Baureihe 50 (Einheitslok)

Technische Daten

Bauart	1´E h2
Betriebsgattung	G 56.15
Länge ü. Puffer (Tender 2´2´ T 26)	22.940 mm
Höchstgeschwindigkeit v/r	80/50 km/h
Zylinderdurchmesser	600 mm
Kolbenhub	660 mm
Treib- und Kuppelraddurchmesser	1.400 mm
Laufraddurchmesser v	850 mm
Kesselüberdruck	16 kp/cm²
Rostfläche	3,9 m²
Verdampfungsheizfläche	177,6 m²
Dienstmasse (2/3 Vorräte)	136,4 t
Brennstoffvorrat	8 t
Wasserkasteninhalt	26 m³
indizierte Leistung	1.625 PS$_i$
indizierte Zugkraft (0,8)	21,72 Mp

Mitte der 30er-Jahre benötigte die Reichsbahn eine leistungsstarke Dampflok mit maximal 15 Tonnen Achslast für den Einsatz im schweren Güterzugdienst auf Nebenbahnen. Nach ausführlichen Diskussionen entschied sich die Reichsbahn 1937 zum Bau einer 1´Eh2-Maschine, deren erste zehn Vorausmaschinen Henschel 1939 lieferte. Die Maschine glänzte durch sehr gute Laufeigenschaften, Verbrauchswerte und einen gelungenen Kessel. Mit ihrer geringen Achslast und ihren 80 km/h Höchstgeschwindigkeit wurde die BR 50 zu einer universell einsetzbaren Lok. Mit dem Beginn des Zweiten Weltkrieges stieg der Bedarf an 50ern sprunghaft an. Um die Produktion zu erhöhen, wurden die Loks ab 1942 schrittweise vereinfacht. So entfielen z.B. die Umlaufschürzen, Läutewerke und vorderen Seitenfenster im Führerhaus. Der fließende Übergang von der BR 50 zur Kriegslok der BR 52 war die Folge. Bis 1948 wurden insgesamt 3.164 Loks gebaut.

DB (2.563 Loks) und DR (335 Loks) konnten nach dem Zweiten Weltkrieg langfristig nicht auf ihre 50er verzichten. Bei der Bundesbahn waren die 50er überall anzutreffen. Die bei den Personalen sehr beliebten Loks standen bis zum Ende der Dampflok-Ära 1976 im Einsatz. Auch in der DDR stand die BR 50 bis zum Schluss unter Dampf. Erst 1987 quittierte die 50 3145 als letzte den Dienst.

Foto: Endisch

Technische Daten

	Kohlefeuerung	Ölhauptfeuerung
Bauart	1´E h2	1´E h2
Betriebsgattung	G 56.15	G 56.15
Länge ü. Puffer (Tender 2´2´ T 26)	22.940 mm	22.940 mm
Höchstgeschwindigkeit v/r	80/50 km/h	80/50 km/h
Zylinderdurchmesser	600 mm	600 mm
Kolbenhub	660 mm	660 mm
Treib- und Kuppelraddurchmesser	1.400 mm	1.400 mm
Laufraddurchmesser v	850 mm	850 mm
Kesselüberdruck	16 kp/cm²	16 kp/cm²
Rostfläche	3,71 m²	3,71 m²
Verdampfungsheizfläche	172,3 m²	172,3 m²
Dienstmasse (2/3 Vorräte)	136,3 t	139 t
Brennstoffvorrat	8 t	11,2¹ t
Wasserkasteninhalt	26 m³	26 m³
indizierte Leistung	1.760 PS$_i$	ca 1.800 PS$_i$
indizierte Zugkraft (0,8)	21,72 Mp	21,72 Mp

Anmerkung:
¹ 11,2 m³ Heizöl

In den Direktionen Dresden, Magdeburg und Schwerin bildeten die insgesamt 335 Maschinen der BR 50 das Rückgrat im Güterzugdienst. Die unverzichtbaren Loks bereiteten allerdings in der Unterhaltung in den 50er-Jahren erhebliche Schwierigkeiten: Die aus dem spröden und nicht alterungsbeständigen Stahl St 47 K hergestellten Kessel neigten zu immer mehr Rissen. In dieser Situation entschied die DR, die BR 50 zu rekonstruieren. Kernstück war der Einbau eines auf Braunkohlenfeuerung ausgelegten Verbrennungskammer-Kessels mit Mischvorwärmers. Im Herbst 1957 stellte das Raw Stendal die erste Reko-50er fertig. Bis 1962 folgten weitere 207. Das Raw Stendal rüstete 1966 und 1971/72 insgesamt 72 Reko-50er mit einer Ölhauptfeuerung aus. Die Ölkrise Anfang der 80er-Jahre bescherte der 50³⁵ eine Renaissance. Die 50 3559 des Bw Halberstadt schrieb Geschichte: Sie beendete am 29. Oktober 1988 die Dampflokzeit in Deutschland.

Baureihe 50⁴⁰ (Neubaulok DR)

Technische Daten

Bauart	1´E h2
Betriebsgattung	G 56.15
Länge ü. Puffer (Tender 2´2´ T 28)	22.600 mm
Höchstgeschwindigkeit v/r	80/50 km/h
Zylinderdurchmesser	600 mm
Kolbenhub	660 mm
Treib- und Kuppelraddurchmesser	1.400 mm
Laufraddurchmesser v	850 mm
Kesselüberdruck	16 kp/cm²
Rostfläche	3,71 m²
Verdampfungsheizfläche	159,6 m²
Dienstmasse (2/3 Vorräte)	136,7 t
Brennstoffvorrat	10 t
Wasserkasteninhalt	28 m³
indizierte Leistung	1.760 PS$_i$
indizierte Zugkraft (0,8)	21,72 Mp

Der erste Typenplan für das Neubaulok-Programm der Deutschen Reichsbahn in der DDR sah die Beschaffung einer 1´Eh2-Güterzuglok mit einer Achslast von 18 Tonnen vor. Nachdem die DR-Generaldirektion bei den Reichsbahndirektionen den Bedarf im Güterzugdienst analysiert hatte, wurde die Entwicklung einer modernen 1´Eh2-Maschine in Anlehnung an die BR 50 beschlossen. Um Kosten und Zeit zu sparen, ordnete Verkehrsminister Erwin Kramer an, dass möglichst viele Teile der BR 23¹⁰ zu verwenden seien. Der Kessel, der Tender der Bauart 2´2´T 28 und zahlreiche andere Bauteile der 23¹⁰ wurden übernommen.

Die 50⁴⁰ war den Baureihen 50 und 52 leistungsmäßig ebenbürtig, im Verbrauch aber deutlich günstiger. Allerdings war der Blechrahmen zu schwach, was sehr hohe Unterhaltungskosten verursachte und schließlich zu einer frühen Ausmusterung der 88 Maschinen führte. Bereits 1981 schied die 50⁴⁰ vollständig aus dem Betriebsdienst aus. Als Dampfspender überdauerte die 50 4073, die seit Jahren auf ihre Aufarbeitung wartet.

Baureihe 52ᴷˢᵗ (Umbaulok DR)

Technische Daten

Bauart	1´E h2
Betriebsgattung	G 56.15
Länge ü. Puffer (Tender 2´2´ T 24 Kst)	22.975 mm
Höchstgeschwindigkeit v/r	80/50 km/h
Zylinderdurchmesser	600 mm
Kolbenhub	660 mm
Treib- und Kuppelraddurchmesser	1.400 mm
Laufraddurchmesser v	850 mm
Kesselüberdruck	16 kp/cm²
Rostfläche	3,9
Verdampfungsheizfläche	177,6 m²
Dienstmasse (2/3 Vorräte)	131,4 t
Brennstoffvorrat	22¹ t
Wasserkasteninhalt	24 m³
indizierte Leistung	ca 1.800 PS$_i$
indizierte Zugkraft (0,8)	21,72 Mp

Anmerkung
¹ 22m³ Kohlenstaub

Die Deutschen Reichsbahn in der Sowjetischen Besatzungszone (SBZ) war ab 1945 von den Steinkohlenlieferungen aus Oberschlesien, dem Ruhrgebiet und dem Saarland abgeschnitten. Da die geringen Vorkommen in der SBZ für andere Industriezweige benötigt wurden, musste die DR auf ihren Dampfloks die reichlich vorhandene Braunkohle verfeuern. Doch der deutlich geringere Heizwert und die geringe Standfestigkeit auf dem Rost – ein großer Teil der Briketts zerfiel und brannte im Aschkasten aus – sorgte für erhebliche Probleme. In dieser Situation griff die DR die Kohlenstaubfeuerung wieder auf. Hans Wendler entwickelte eine betriebstaugliche Braunkohlenstaubfeuerung, mit der ab 1949 u. a. Maschinen der Baureihen 44 und 58 umgebaut wurden.

Ab 1951 rüstete das Raw Stendal auch einige 52er mit der Wendler-Feuerung aus. Die insgesamt 29 Maschinen wurden vom Bw Senftenberg aus im schweren Güterzugdienst eingesetzt. Erst 1978 hatten die letzten von ihnen ausgedient. Als einzige Kohlenstaub-Lok in Deutschland blieb die 52 4900 erhalten, die heute in Halle steht.

Foto: Endisch

Technische Daten

Bauart	1´E h2
Betriebsgattung	G 56.15
Länge ü. Puffer (Tender 2´2´ T 30)	22.975 mm
Höchstgeschwindigkeit v/r	801/50 km/h
Zylinderdurchmesser	600 mm
Kolbenhub	660 mm
Treib- und Kuppelraddurchmesser	1.400 mm
Laufraddurchmesser v	850 mm
Kesselüberdruck	16 kp/cm²
Rostfläche	3,9 m²
Verdampfungsheizfläche	177,6 m²
Dienstmasse (2/3 Vorräte)	129,2 t
Brennstoffvorrat	10 t
Wasserkasteninhalt	30 m³
indizierte Leistung	1.620 PS$_i$
indizierte Zugkraft (0,8)	21,72 Mp

Anmerkung
[1] nur für Loks mit Achsstellkeilen; ohne: 70 km/h

Als die meist gebaute deutsche Dampflok ging die BR 52 in die Eisenbahngeschichte ein. Mit dem Überfall auf die Sowjetunion 1941 und dem Vormarsch der Wehrmacht stieg der Bedarf an einer leichten, pflegearmen und leistungsfähigen Güterzuglok sprunghaft an. Doch der Bedarf konnte trotz immer weiterer Vereinfachung der noch im Fertigung befindlichen Baureihen 44, 50 und 86 nicht gedeckt werden. Auf Druck der Militärs wurden die Hersteller 1941 aufgefordert, eine brauchbare Kriegsdampflok zu entwickeln. Die BR 52 entsprach zwar in ihren Hauptabmessungen der BR 50, unterschied sich von ihr aber deutlich: Typisch für die BR 52 waren der Blechrahmen, das geschlossenen Führerhaus, die vereinfachten Stangen und der Wannentender. Die WLF fertigte als Alternative dazu einen vierachsigen Steifrahmentender.

Bereits 1942 stellte Borsig das Baumuster 52 001 fertig. Die Serienlieferung lief 1943 an. Über 6.000 Maschinen wurden bis 1951 gefertigt. Während die DB bis 1954 fast alle 52er ausgemustert hatte, standen die letzten Kriegsloks in der DDR bis 1986 im Einsatz. Aber auch in Österreich, Rumänien, Bulgarien, der Sowjetunion und der Türkei stand die BR 52 jahrelang im Einsatz. Polen wurden die letzten 52er (Ty 2) erst Ende der 90er-Jahre abgestellt.

Baureihe 52⁸⁰ (Rekolok DR)

Foto: Reiners

Technische Daten

Bauart	1′E h2
Betriebsgattung	G 56.15
Länge ü. Puffer (Tender 2′2′ T 30)	22.975 mm
Höchstgeschwindigkeit v/r	80/50 km/h
Zylinderdurchmesser	600 mm
Kolbenhub	660 mm
Treib- und Kuppelraddurchmesser	1.400 mm
Laufraddurchmesser v	850 mm
Kesselüberdruck	16 kp/cm²
Rostfläche	3,71 m²
Verdampfungsheizfläche	172,3 m²
Dienstmasse (2/3 Vorräte)	134,9 t
Brennstoffvorrat	10 t
Wasserkasteninhalt	30 m³
indizierte Leistung	ca 1.760 PS$_i$
indizierte Zugkraft (0,8)	21,72 Mp

Zu den wichtigsten Dampfloks der DR in der DDR gehörte die BR 52. Die in den Direktionen Berlin, Cottbus und Halle konzentrierten Maschinen wickelten hier fast den gesamten Güterzugdienst ab. Die eigentlich nur für einen Einsatz von rund fünf Jahren gebauten Kriegsloks der BR 52 sorgten ab Mitte der 50er-Jahre für einen erhöhten Reparaturaufwand. Die Steh- und Langkessel zahlreicher Loks mussten erneuert werden. Außerdem ließ die DR zur Verbesserung der Laufeigenschaften Achslagerstellkeile und zur Erhöhung des Wirkungsgrades bei einigen Loks einen Mischvorwärmer einbauen. Aufgrund der notwendigen umfangreichen Kesselarbeiten schlug das Raw Stendal den Einbau des bei der 50³⁵ verwendeten Reko-Kessel samt Mischvorwärmer vor. Die erste Reko-52er nahm die DR im Sommer 1960 ab. Bis 1966 baute das Raw Stendal insgesamt 200 Kriegsloks zur BR 52⁸⁰ um. Die bei den Personalen beliebten Maschinen bespannten meist Güterzüge. Hochburgen der Reko-52er waren u. a. Berlin, Brandenburg, Bautzen, Cottbus, Falkenberg, Frankfurt (Oder) und Zittau. Die Ölkrise in der DDR Anfang der 80er-Jahre sorgte dafür, dass die 52⁸⁰ bis 1988 im Plandienst verblieb. Anschließend nutzten zahlreiche Bahnbetriebswerke Reko-52er als Wärmespender. Nur deshalb blieben bis heute über 100 Maschinen erhalten.

Baureihe 53⁷⁰⁻⁷¹ (Länderbahnlok, preußische G 3)

Technische Daten

Bauart	C n2
Betriebsgattung	G 33.14
Länge ü. Puffer (Tender 3 T 12)	15.175 mm
Höchstgeschwindigkeit v/r	45/45 km/h
Zylinderdurchmesser	450 mm
Kolbenhub	630 mm
Treib- und Kuppelraddurchmesser	1.340 mm
Kesselüberdruck	12 kp/cm²
Rostfläche	1,53 m²
Verdampfungsheizfläche	116 m²
Dienstmasse (2/3 Vorräte)	74 t
Brennstoffvorrat	7 t
Wasserkasteninhalt	12 m³
indizierte Leistung	500 PS_i
indizierte Zugkraft (0,8)	9,1 Mp

Das Königreich Preußen kaufte zwischen 1877 und 1883 die größten Privatbahnen in seinem Land auf. Dabei übernahm die Preußische Staatsbahn zahlreiche dreifach gekuppelte Güterzuglokomotiven, die als Gattung G 3 bezeichnet wurden. Typisch für diese Nassdampfloks waren der tiefliegende Kessel, der kurze Achsstand, die überhängenden Massen und die innen liegende Steuerung. Obwohl die Maschinen Anfang des 20. Jahrhunderts in untergeordnete Dienste abgeschoben wurden, übernahm die DRG 1925 noch 157 dieser Oldtimer, die alsbald verschrottet wurden.

Nicht mehr zur DRG gelangte die heute im VM Nürnberg aufbewahrte G 3 »Saarbrücken 3143«. Bereits 1920 schied die Lok aus, fand aber im Ausbesserungswerk Trier als Kranprüfgewicht bis 1982 Verwendung. Im Zuge der Vorbereitungen zum 150. Jubiläum der Eisenbahn in Deutschland wurde die G 3 bis 1984 wieder komplettiert und restauriert. Dazu mussten in der nunmehrigen Ausbesserungswerkstätte Trier zahlreiche Teile nach alten Unterlagen neu gebaut werden.

Baureihe 55⁰⁻⁶ (Länderbahnlok, preußische G 7¹)

Technische Daten

Bauart	D n2
Betriebsgattung	G 44.13
Länge ü. Puffer (Tender pr 3 T 12)	16.620 mm
Höchstgeschwindigkeit v/r	50/50 km/h
Zylinderdurchmesser	520 mm
Kolbenhub	630 mm
Treib- und Kuppelraddurchmesser	1.250 mm
Kesselüberdruck	12 kp/cm²
Rostfläche	2,28 m²
Verdampfungsheizfläche	149,37 m²
Dienstmasse (2/3 Vorräte)	80,8 t
Brennstoffvorrat	5 t
Wasserkasteninhalt	12 m³
indizierte Leistung	660 PS_i
indizierte Zugkraft (0,8)	13,1 Mp

Ab 1890 reichten die bei der Preußischen Staatsbahn eingesetzten Dreikuppler nicht mehr den steigenden Schlepplasten im Güterverkehr. Ein Vierkuppler war nun notwendig. Um die wirtschaftlich und technisch beste Bauart zu ermitteln gab die Staatsbahn die Entwicklung einer Dn2-, Dn2v-, 1′Dn2- und einer B′B-Mallet-Maschine in Auftrag. Die G 7¹, die Dn2-Bauart, entwickelte 1893 die Firma Vulcan in Stettin.

Charakteristisch für die Maschinen waren der tief liegenden Kessel mit seinem hohen Dampfdom und die innen liegende Allan-Steuerung. Erstmals bei einer preußischen Lok wurde der Kreuzkopf einschienig geführt. Die G 7¹ erwies sich als robuste und zugstarke Maschine, von der rund 1.200 Exemplare gebaut wurden.

Die DRG übernahm noch 660 Maschinen, von denen einige bis nach dem Zweiten Weltkrieg im Einsatz waren. Die DB musterte 1957 ihre letzte G 7¹ aus. Bei der DR hingegen schied die heutige Museumslok 55 669 als letzte ihrer Baureihe erst 1966 im Bw Erfurt aus dem Plandienst aus.

Baureihe 55¹⁶⁻²² (Länderbahnlok, preußische G 8)

Technische Daten

Bauart	D h2
Betriebsgattung	G 44.14
Länge ü. Puffer	
(Tender pr 3 T 16,5)	17.968 mm
Höchstgeschwindigkeit v/r	55/50 km/h
Zylinderdurchmesser	600 mm
Kolbenhub	660 mm
Treib- und Kuppelraddurchmesser	1.350 mm
Kesselüberdruck	12 kp/cm²
Rostfläche	2,42 m²
Verdampfungsheizfläche	137,54 m²
Dienstmasse (2/3 Vorräte)	96,2 t
Brennstoffvorrat	7 t
Wasserkasteninhalt	16,5 m³
indizierte Leistung	1.100 PS$_i$
indizierte Zugkraft (0,8)	16,9 Mp

Robert Garbe, der Bauart-Dezernent der preußischen Staatsbahn, war ein strikter Verfechter der Heißdampflok. Aus guten Gründen: Heißdampf-Maschinen waren leistungsfähiger und verbrauchten weniger Wasser und Kohle als Nassdampfloks. 1901 legte Garbe den Entwurf für eine Dh2-Güterzugmaschine vor, die die G 7-Varianten ablösen sollten. Die Firma Vulcan lieferte 1904 die Baumuster mit dem Rauchkammerüberhitzer der Bauart Schmidt. Die vor schweren Güterzügen erprobten Maschinen waren den Nassdampfloks deutlich überlegen, so dass die G 8 in Serie gebaut werden konnte. Über 1.000 Maschinen stellte die Preußische Staatsbahn in Dienst. Allerdings waren die Laufeigenschaften durch die großen Überhänge schlecht und die Maschinen neigten aufgrund der zu geringen Reibungsmasse vor schweren Zügen zum Schleudern.

Doch die G 8 schleppte über Jahrzehnte Güterzüge. Die Bundesbahn trennte sich 1955 von ihren letzten Exemplaren. Die DR musterte 1969 die letzte G 8 aus. Die in Darmstadt-Kranichstein betriebsfähige »Münster 4981« wurde aus der Türkei zurückgeholt.

Baureihe 55²⁵⁻⁵⁶ (Länderbahnlok, preußische G 8¹)

Technische Daten

Bauart	D h2
Betriebsgattung	G 44.17
Länge ü. Puffer	
(Tender pr 3 T 16,5)	18.290 mm
Höchstgeschwindigkeit v/r	55/50 km/h
Zylinderdurchmesser	600 mm
Kolbenhub	660 mm
Treib- und Kuppelraddurchmesser	1.350 mm
Kesselüberdruck	14 kp/cm²
Rostfläche	2,66 m²
Verdampfungsheizfläche	146,33 m²
Dienstmasse (2/3 Vorräte)	107,6 t
Brennstoffvorrat	7 t
Wasserkasteninhalt	16,5 m³
indizierte Leistung	1.260 PS$_i$
indizierte Zugkraft (0,8)	19,7 Mp

Nach dem Erfolg mit der G 8 legte Robert Garbe 1911 den Entwurf einer verstärkten G 8 vor. Die Maschinen fiel insgesamt schwerer aus, besaß einen größeren Kessel, einen vergrößerten Achsstand und einen Oberflächenvorwärmer. Außerdem wurde der Kesseldruck auf 14 kp/cm² angehoben. Die ersten Maschinen der als G 8¹ bezeichneten Type stellte die Preußische Staatsbahn 1914 in Dienst. Die G 8¹ erwies sich als eine sparsame, robuste und leistungsstarke Lok. Ihre Laufeigenschaften waren zwar besser als bei der G 8 aber nicht überzeugend. Fast 5.000 Maschinen wurden allein bis 1921 für die Preußische Staatsbahn gebaut. Aber auch in Polen, Schweden und Rumänien stand die G 8¹ im Einsatz. Auch nach dem Zweiten Weltkrieg konnten Bundes- und Reichsbahn nicht auf die G 8¹ verzichten. Im schweren Rangierdienst standen sie bis Anfang der 70er-Jahre im Einsatz. Die DB musterte 1972 die letzten Exemplare aus. Ein Jahr später zog die DR nach.

Baureihe 55⁷¹ (Länderbahnlok, bayerische BB I)

Technische Daten

Bauart	B´Bn4v
Betriebsgattung	G 44.14
Länge ü. Puffer (Tender bay 3 T 13,8)	17.560 mm
Höchstgeschwindigkeit v/r	65/50 km/h
Zylinderdurchmesser	415/635 mm
Kolbenhub	630 mm
Treib- und Kuppelraddurchmesser	1.340 mm
Kesselüberdruck	14 kp/cm²
Rostfläche	2,13 m²
Verdampfungsheizfläche	122,7 m²
Dienstmasse (2/3 Vorräte)	90,5 t
Brennstoffvorrat	5,5 t
Wasserkasteninhalt	13,8 m³
indizierte Leistung	k. A.
indizierte Zugkraft (0,8)	k. A.

Ende des 20. Jahrhunderts benötigte die Bayerische Staatsbahn für den schweren Güterzugdienst auf ihren steigungs- und krümmungsreichen Strecken im Norden des Landes eine neue Maschine. Die hier eingesetzten Dreikuppler hatten die Grenze ihrer Leistungsfähigkeit erreicht – eine vierfachgekuppelte Maschine musste her. Da die Bayerische Staatsbahn einer Lok mit einem starren Rahmen die notwendige Kurvenläufigkeit nicht zutraute, beauftragte sie die Firma Maffei mit der Entwicklung einer B´Bn4v-Mallet-Maschine.

1896 stellte die Bayerische Staatsbahn das Baumuster der neuen Gattung BB I in Dienst. Die Lok erwies sich aber als Fehlschlag. Die flexiblen dampfführenden Leitungen konnten nur mit hohem Aufwand dicht gehalten werden. Die Bedienung der Loks erforderte viel Fingerspitzengefühl. Der unruhige Lauf und die hohe Schleuderneigung trieb die Unterhaltungskosten weiter in die Höhe. Die BB I blieb ein Einzelstück und wurde noch vor ihrer Umzeichnung 1925 in 55 7101 ausgemustert. Sie blieb aber erhalten.

Baureihe 56³⁰ (Privatbahnlok)

Technische Daten

Bauart	1´D h2
Betriebsgattung	G 45.17
Länge ü. Puffer (Tender pr 3 T 16,5)	18.645 mm
Höchstgeschwindigkeit v/r	75/50 km/h
Zylinderdurchmesser	620 mm
Kolbenhub	660 mm
Treib- und Kuppelraddurchmesser	1.400 mm
Laufraddurchmesser v	1.000 mm
Kesselüberdruck	14 kp/cm²
Rostfläche	2,63 m²
Verdampfungsheizfläche	154,62 m²
Dienstmasse (2/3 Vorräte)	120,4 t
Brennstoffvorrat	16,5 t
Wasserkasteninhalt	7 m³
indizierte Leistung	ca. 1.350 PS_i
indizierte Zugkraft (0,8)	20,3 Mp

Die Lübeck-Büchener Eisenbahn (LBE) wickelte bis in die 20er-Jahre hinein ihren Güterverkehr mit 1´C-Maschinen oder vierfachgekuppelten Nassdampfloks ab. Diese genügten aber nicht mehr den betrieblichen Belangen. Deshalb beauftragte die LBE die Linke-Hofmann-Werke (LHW) in Breslau mit der Entwicklung einer modernen 1´Dh2-Maschine, die sich an der preußischen G 8² orientieren sollte. 1923 lieferte LHW die ersten beiden Lokomotiven. Sie waren die ersten LBE-Maschinen mit Barrenrahmen. Die ab 1927 gelieferten Vierkuppler besaßen Windleitbleche und eine eine auf 75 km/h angehobene Höchstgeschwindigkeit. Die Loks konnten einen 940 Tonnen schweren Zug mit 65 km/h befördern.

Nach der Verreichlichung der LBE 1938 wurden die insgesamt acht 1´Dh2-Loks von der Deutschen Reichsbahn als BR 56³⁰ übernommen. Die DB musterte die Maschinen bis 1950 aus und verkaufte sie an Privat- und Werkbahnen. Die 56 3007 gelangte so zur Zeche Carl Alexander, wo sie bis zu ihrem Verkauf an das Eisenbahnmuseum Darmstadt-Kranichstein im Einsatz war.

Baureihe 57¹⁰⁻³⁵ (Länderbahnlok, preußische G 10)

Foto: Klaus

Technische Daten

Bauart	E h2
Betriebsgattung	G 55.15
Länge ü. Puffer	
(Tender pr 3 T 16,5)	18.910 mm
Höchstgeschwindigkeit v/r	60/50 km/h
Zylinderdurchmesser	630 mm
Kolbenhub	660 mm
Treib- und Kuppelraddurchmesser	1.350 mm
Kesselüberdruck	12 kp/cm²
Rostfläche	2,63 m²
Verdampfungsheizfläche	143,27 m²
Dienstmasse (2/3 Vorräte)	114,3 t
Brennstoffvorrat	7 t
Wasserkasteninhalt	16,5 m³
indizierte Leistung	1.100 PS$_i$
indizierte Zugkraft (0,8)	17,96 Mp

Die Preußische Staatsbahn benötigte Anfang des 20. Jahrhunderts eine fünffachgekuppelte Güterzugmaschine, die auch auf Nebenbahnen eingesetzt werden konnte. Der zuständige Bauart-Dezernent Robert Garbe legte im Herbst 1907 einen entsprechenden Entwurf vor. Garbe hatte auf das Fahrwerk der T 16 den Kessel der P 8 gesetzt. Doch dieser Vorschlag konnte sich aufgrund der zu langen Treib- und Kolbenstangen nicht durchsetzen. Erst als die dritte Kuppelachse als Treibachse gewählt wurde, stimmte der Lokausschuss 1909 dem Entwurf zu. Ein Jahr später stellte die Preußische Staatsbahn die ersten von Henschel gebauten G 10 in Dienst. Bis 1925 ging die Serienlieferung. Neben den über 2.600 preußischen G 10 liefen die Fünfkuppler auch in Rumänien, der Türkei, Polen und Litauen.

Die robuste und wartungsarme G 10 war bei den Personalen sehr beliebt. Allerdings war die G 10 der G 8¹ in Sachen Zugkraft und Leistung wegen des geringeren Kesseldrucks und der geringeren Achslast unterlegen. Dennoch war die BR 57¹⁰⁻³⁵ eine der wichtigsten Güterzugloks der DRG.

Auch nach dem zweiten Weltkrieg konnten Reichs- und Bundesbahn nicht auf die unverwüstlichen Fünfkuppler verzichten. Die DB stellte 1968 ihre letzen G 10 ab. Die DR musterte 1972 im Bw Wittenberge die letzte 57¹⁰⁻³⁵ aus.

Baureihe 58²,⁴,⁵,¹⁰⁻²¹ (Länderbahnlok, badische G 12, preußische G 12)

Foto: Endisch

Technische Daten

Bauart	1´E h3
Betriebsgattung	G 56.16
Länge ü. Puffer (Tender pr 3 T 20)	18.495 mm
Höchstgeschwindigkeit v	65/50 km/h
Zylinderdurchmesser	570 mm
Kolbenhub	660 mm
Treib- und Kuppelraddurchmesser	1.400 mm
Laufraddurchmesser v/h	1.000 mm
Kesselüberdruck	14 kp/cm²
Rostfläche	3,90 m²
Verdampfungsheizfläche	191,46 m²
Dienstmasse (2/3 Vorräte)	132,6 t
Brennstoffvorrat	6 t
Wasserkasteninhalt	20 m³
indizierte Leistung	1.540 PS_i
indizierte Zugkraft (0,8)	25,73 Mp

Im Ersten Weltkrieg wickelten die Heeresfeldbahnen den Eisenbahnbetrieb in den frontnahen Bereichen ab. Dazu mussten die Länderbahnen zahlreiche Loks zur Verfügung stellen. Doch durch die fehlende Normierung und Typisierung war ein freizügiger Austausch von Ersatzteilen nicht möglich. Der Betrieb konnte nur mit Mühe aufrecht erhalten werden. In dieser Situation forderte das Militär 1916 die Länderbahnen auf, eine gemeinsame Güterzuglok zu beschaffen. Henschel legte den Entwurf einer 1´E h3-Maschine vor, von der 1917 die ersten Baumuster geliefert wurden. Die preußische Staatsbahn reihte die Loks als G 12 ein. Die Maschinen läuteten mit ihrem Barrenrahmen und dem Belpaire-Stehkessel eine neue Ära im deutschen Lokomotivbau ein.

Neben Preußen beschafften auch die Staatsbahnen in Baden, Sachsen und Württemberg die G 12, von der bis 1924 rund 1.500 Exemplare gebaut wurden. Sie waren bis zur Serienlieferung der BR 44 das Rückgrat im schweren Güterzugdienst der DRG.

Die DB konnte aufgrund ihrer vielen 44er die G 12 bereits Anfang der 50er-Jahre ausmustern. Die DR in der DDR hingegen musste mangels Alternativen die G 12 noch bis Mitte der 70er-Jahre einsetzten. Erst 1976 stellte das Bw Aue die letzten 58er ab. Zu ihnen gehörte die 58 311, die derzeit betriebsfähig aufgearbeitet wird.

Baureihe 58³⁰ (Rekolok DR)

Foto: Endisch

Technische Daten

Bauart	1´E h3
Betriebsgattung	G 56.16
Länge ü. Puffer (Tender 2´2´ T 28)	22.110 mm
Höchstgeschwindigkeit v/r	70/50 km/h
Zylinderdurchmesser	570 mm
Kolbenhub	660 mm
Treib- und Kuppelraddurchmesser	1.400 mm
Laufraddurchmesser v	1.000 mm
Kesselüberdruck	16 kp/cm²
Rostfläche	3,71 m²
Verdampfungsheizfläche	172,3 m²
Dienstmasse (2/3 Vorräte)	148,0 t
Brennstoffvorrat	10 t
Wasserkasteninhalt	28 m³
indizierte Leistung	1.620 PS$_i$
indizierte Zugkraft (0,8)	26,0 Mp

Auch nach dem Zweiten Weltkrieg setzte die DR die BR 58[2,4,5,10–21] meist im schweren Güterverkehr in Sachsen und Thüringen ein. Allerdings besaß die Baureihe zwei grundlegende Schwächen: Das Triebwerk verbrauchte mehr Dampf als der Kessel liefern konnte und die vielteilige Steuerung für den Mittelzylinder führte zu einer ungenauen Dampfverteilung. Da die DR langfristig nicht auf die G 12 verzichten konnte, wurden einige Maschinen im Zuge des Rekonstruktions-Programms grundlegend modernisiert. Kernstücke waren der Einbau des Reko-Kessels vom Typ 50E, eines Mischvorwärmers und eines neuen Führerhauses. Dabei musste der Rahmen verlängert werden. Außerdem wurde die Steuerung für den Mittelzylinder geändert.

Als das Raw Zwickau 1958 die erste Rekolok (BR 58³⁰) fertiggestellt hatte, erinnerte nichts mehr an die alte G 12. Die steile Frontschürze und die später oben abgeschrägten Windleitbleche gaben der Reko-G 12 ein unverwechselbares Aussehen. Die 58³⁰ war der G 12 in allen betriebsrelevanten Bereichen deutlich überlegen. Die bis 1963 rekonstruierten 56 Maschinen wurden in der Rbd Dresden konzentriert. Erst in der zweiten Hälfte der 70er-Jahre konnte die DR auf die BR 58³⁰ verzichten. Das Bw Glauchau beheimatete schließlich die letzten Reko-G 12, die 1981 abgestellt wurden.

Baureihe 62 (Einheitslok)

Foto: Möckel

Technische Daten

Bauart	2´C2´h2t
Betriebsgattung	Pt 37.20
Länge über Puffer	17.140 mm
Höchstgeschwindigkeit v/r	100/100 km/h
Zylinderdurchmesser	600 mm
Kolbenhub	660 mm
Treib- und Kuppelraddurchmesser	1.750 mm
Laufraddurchmesser v/h	850/850 mm
Kesselüberdruck	14 kp/cm²
Rostfläche	3,55 m²
Verdampfungsheizfläche	195,95 m²
Dienstmasse (2/3 Vorräte)	117,5 t
Brennstoffvorrat	4,3 t
Wasserkasteninhalt	14 m³
indizierte Leistung	1.680 PS$_i$
indizierte Zugkraft (0,8)	15,21 Mp

Für den Einsatz vor Eil- und Schnellzügen auf Stichstrecken, deren Endbahnhöfe keine Drehscheiben besaßen, entwickelte die Deutsche Reichsbahn-Gesellschaft die Baureihe 62. Die beiden Prototypen dieser 2´C2´h2t-Maschinen lieferte Henschel 1928. Obwohl sich die Loks bei den Versuchsfahrten als eine sehr gelungene Konstruktion erwiesen, konnte sich die BR 62 nicht durchsetzen. Dafür gab es im Wesentlichen zwei Gründe: Zum einen waren die Loks für die DRG zu teuer, zum anderen ging der Ausbau der Hauptstrecken auf eine Achslast mit 20 Tonnen nur schleppend voran. Erst nach langwierigen Verhandlungen nahm die DRG 1931/32 die restlichen 13 bei Henschel gebauten Maschinen ab. Die DRG verteilte die Loks auf die Bahnbetriebswerke Düsseldorf Abstellbahnhof, Meiningen und Saßnitz. Nach dem Zweiten Weltkrieg verblieben sieben 62er bei der späteren Bundesbahn und acht Maschinen in der DDR. Während die DB bereits bis 1956 die zuletzt in Krefeld stationierten 62er ausmusterte, konnte die DR in der DDR erst Anfang der 70er-Jahre auf die schweren Tenderloks verzichten. Nach Einsätzen in Meiningen, Berlin, Rostock und Wittenberge zog die DR ab 1968 aller Loks in Frankfurt (Oder) zusammen, wo 1971 die letzte aus dem Plandienst ausschied. Die 62 015 blieb als Traditionslok erhalten, ist derzeit aber nicht betriebsfähig.

Baureihe 64 (Einheitslok)

Foto: Reiners

Technische Daten

Bauart	1´C1´h2t
Betriebsgattung	Pt 35.15
Länge über Puffer	12.500 mm
Höchstgeschwindigkeit v/r	90/90 km/h
Zylinderdurchmesser	500 mm
Kolbenhub	660 mm
Treib- und Kuppelraddurchmesser	1.500 mm
Laufraddurchmesser v/h	850/850 mm
Kesselüberdruck	14 kp/cm^2
Rostfläche	2,04 m^2
Verdampfungsheizfläche	104,4 m^2
Dienstmasse (2/3 Vorräte)	71,0 t
Brennstoffvorrat	3 t
Wasserkasteninhalt	9 m^3
indizierte Leistung	950 PS$_i$
indizierte Zugkraft (0,8)	12,32 Mp

In der zweiten Hälfte der 20er-Jahre musste die DRG den Betrieb auf ihren Nebenstrecken grundlegend rationalisieren. Das hier eingesetzte Sammelsurium an unterschiedlichsten Maschinen trieb die Unterhaltungs- und Betriebskosten in die Höhe. Deshalb entwickelte die DRG eine Typenserie von Nebenbahn-Lokomotiven mit 15 Tonnen Achslast, zu denen neben den Baureihen 24 und 86 auch die BR 64 gehörte. Zur Senkung der Beschaffungs- und Instandhaltungskosten waren zahlreiche Bauteile und Baugruppen innerhalb dieser drei Baureihen tauschbar. So waren z. B. Kessel, Trieb- und Laufwerk der 64er und 24er identisch.

Die ersten Exemplare der BR 64 stellte die DRG 1928 in Dienst. Die kleinen Maschinen erwiesen sich als robuste, leistungsfähige und wirtschaftliche Lokomotiven. Die als »Bubikopf« bezeichneten Maschinen erfreuten sich auch beim Personal großer Beliebtheit. Bis 1940 wurden insgesamt 520 Exemplare der 1´C1´-Tenderloks gebaut.

Jahrzehntelang gehörte der Bubikopf zum vertrauten Bild auf Deutschlands Nebenstrecken. Erst Anfang der 70er-Jahre hatten die Maschinen ausgedient. Die DB musterte 1974 im Bw Weiden die letzte 64er aus. In der DDR waren zu diesem Zeitpunkt ebenfalls die Tage der 64er gezählt, das Bw Salzwedel stellte 1975 seinen letzten Bubikopf ab. Mehrere 64er blieben als Museums- oder Denkmallok erhalten.

Baureihe 65¹⁰ (Neubaulok DR)

Foto: Pilkenrodt

Technische Daten

Bauart	1´D 2´h2t
Betriebsgattung	Pt 47.17
Länge über Puffer	17.500 mm
Höchstgeschwindigkeit v/r	90/90 km/h
Zylinderdurchmesser	600 mm
Kolbenhub	660 mm
Treib- und Kuppelraddurchmesser	1.600 mm
Laufraddurchmesser v/h	1.000/1.000 mm
Kesselüberdruck	16 kp/cm²
Rostfläche	3,45 m²
Verdampfungsheizfläche	147,44 m²
Dienstmasse (2/3 Vorräte)	113,0 t
Brennstoffvorrat	9 t
Wasserkasteninhalt	16 m³
indizierte Leistung	1.500 PS$_i$
indizierte Zugkraft (0,8)	19,01 Mp

Für den schweren Berufsverkehr benötigte die Deutsche Reichsbahn in der DDR Anfang der 50er-Jahre dringend eine leistungsfähige Tenderlokomotive, die mit Braunkohlenbriketts gefeuert werden konnte. Die neue Type sollte außerdem die Baureihen 74, 75, 86, 93 und 94 in einigen Einsatzbereichen ersetzen. Nach zahllosen Diskussionen und erheblichen Schwierigkeiten beim Bau lieferte der VEB Lokomotivbau Elektrotechnische Werke »Hans Beimler« Hennigsdorf 1954 die beiden Prototypen der BR 65¹⁰. Die ersten Probefahrten waren ein Desaster: Fertigungsmängel, funktionsunfähige neue Baugruppen und ein teilweise falsch konstruierter Kessel sorgten für viel Ärger. Immer wieder musste die Konstruktion überarbeitet werden, bis aus der 65¹⁰ eine betriebstaugliche Lok wurde. Die Probleme mit dem Kessel konnten erst mit dem Einbau des Giesl-Flachejektors 1966 endgültig gelöst werden.

Trotz aller Probleme erwies sich die 65¹⁰ als eine spurt- und zugstarke Maschine, von der die DR insgesamt 88 Maschinen in Dienst stellte. Hochburgen der Tenderlok, deren Aktionsradius durch die reichlichen Vorräte sehr groß war, wurden u.a. Arnstadt, Berlin Ostbahnhof, Güsten, Leipzig Hbf Süd und Nordhausen. Drei Maschinen blieben erhalten, von denen die 65 1049 wieder betriebsfähig aufgearbeitet wird.

Baureihe 66 (Neubaulok DB)

Foto: Krantz

Technische Daten

Bauart	1´C 2´h2t
Betriebsgattung	Pt 36.15
Länge über Puffer	11.050 mm
Höchstgeschwindigkeit v/r	100/100 km/h
Zylinderdurchmesser	470 mm
Kolbenhub	660 mm
Treib- und Kuppelraddurchmesser	1.600 mm
Laufraddurchmesser v/h	1.000/850 mm
Kesselüberdruck	16 kp/cm²
Rostfläche	1,956 m²
Verdampfungsheizfläche	87,5 m²
Dienstmasse (2/3 Vorräte)	93,9 t
Brennstoffvorrat	5,0 t
Wasserkasteninhalt	14,3 m³
indizierte Leistung	1.170 PS_i
indizierte Zugkraft (0,8)	11,66 Mp

Als beste Maschine der Neubau-Dampfloks der Deutschen Bundesbahn gilt die Baureihe 66. Friedrich Witte, der Bauart-Dezernent der DB, wollte mit der BR 66 eine Universalmaschine entwickeln, die die Baureihen $38^{10–40}$, 64 und 78 ersetzen sollte. Da sie auf Haupt- und Nebenstrecken verkehren sollte, durfte ihre Achslast 15 Tonnen nicht überschreiten. Damit trotzdem ausreichend große Vorräte untergebracht werden konnten, erhielt die BR 66 die Achsfolge 1´C 2´. Friedrich Witte entwickelte in Zusammenarbeit mit dem Technischen Gemeinschaftsbüro der Lokomotivfabriken die BR 66, deren beide Baumuster Henschel 1955 lieferte.

Die Messfahrten des BZA Minden mit der 66 001 sorgten für Aufsehen in der Fachwelt. Dank ihres hervorragend ausgelegten Verbrennungskammer-Kessels erwies sich die 66 001 der $38^{10–40}$ als ebenbürtig und das bei kleinerem Dampferzeuger und geringerem Gewicht! Auch die Laufeigenschaften ließen keine Wünsche übrig – die BR 66 war eine der besten deutschen Dampfloks. Doch leider blieb es nur bei den beiden Prototypen, die nach Einsätzen im Bw Frankfurt (Main) 3 ab Sommer 1960 im Bw Gießen zuhause waren. Bereits 1967 bzw. 1968 musterte die DB die 66er aus. Die 66 002 übernahm die DGEG, die die Lok in Bochum-Dahlhausen betreut.

Baureihe 74⁰⁻³ (Länderbahnlok, preußische T 11)

Foto: Endisch

Technische Daten

Bauart	1´C n2t
Betriebsgattung	Pt 34.16
Länge über Puffer	11.190 mm
Höchstgeschwindigkeit v/r	80/80 km/h
Zylinderdurchmesser	480 mm
Kolbenhub	630 mm
Treib- und Kuppelraddurchmesser	1.500 mm
Laufraddurchmesser v	1.000 mm
Kesselüberdruck	12 kp/cm²
Rostfläche	1,73 m²
Verdampfungsheizfläche	112,97 m²
Dienstmasse (2/3 Vorräte)	59,3 t
Brennstoffvorrat	2,5 t
Wasserkasteninhalt	7,4 m³
indizierte Leistung	ca. 750 PS$_i$
indizierte Zugkraft (0,8)	9,3 Mp

Die Königliche Eisenbahn-Direktion (KED) Frankfurt (Main) benötigte Anfang des 20. Jahrhunderts für den Reiseverkehr auf den Strecken Frankfurt–Hanau und Hanau–Friedberg einen Ersatz für die hier eingesetzten 1´B1´- und 2´B-Tenderloks. Die KPEV beauftragte die Union-Gießerei Königsberg mit der Entwicklung der neuen Maschinen, die dafür auf die bewährte T 9³ (BR 91³⁻¹⁸) zurückgriff. Die ersten der 80 km/h schnellen Tenderloks der Gattung T 11 lieferte die Union Gießerei 1903. Die T 11 erfüllte die in sie gesetzten Erwartungen.

Auch die KED Berlin benötigte die T 11. Sie setzte die Tenderloks hauptsächlich im Vorort- und Nahverkehr auf der Berliner Stadtbahn ein. Insgesamt 471 Maschinen stellte die KPEV in Dienst.

Die DRG übernahm 1925 noch 358 Maschinen als Baureihe 74⁰⁻³ in ihren Bestand. Ausmusterungen, Verkäufe und Kriegsverluste rissen Lücken in den Bestand, so dass 1949 die DB noch 65 und die DR noch 55 Exemplare der T 11 ihr Eigen nannten. Die DR musterte als letzte T 11 im Jahr 1965 die 74 231 aus. Sie war danach noch bis 1974 bei der Erfurter Industriebahn im Einsatz. Als Denkmallok blieb sie in Erfurt West erhalten. Heute kann sie betriebsfähig bei der Mindener Museums-Eisenbahn bewundert werden.

Baureihe 74⁴⁻¹³ (Länderbahnlok, preußische T 12)

Foto: Endisch

Technische Daten

Bauart	1´C h2t
Betriebsgattung	Pt 34.17
Länge über Puffer	11.820 mm
Höchstgeschwindigkeit v/r	80/80 km/h
Zylinderdurchmesser	540 mm
Kolbenhub	630 mm
Treib- und Kuppelraddurchmesser	1.500 mm
Laufraddurchmesser v	1.000 mm
Kesselüberdruck	12 kp/cm²
Rostfläche	1,73 m²
Verdampfungsheizfläche	106 m²
Dienstmasse (2/3 Vorräte)	64,0 t
Brennstoffvorrat	2,5 t
Wasserkasteninhalt	7 m³
indizierte Leistung	870 PS$_i$
indizierte Zugkraft (0,8)	11,76 Mp

Anfang des 20. Jahrhunderts nahm der Personenverkehr auf der Berliner Stadtbahn sprunghaft zu. Für die immer schwerer werdenden Züge suchte die KED Berlin nach einer spurt- und zugstarken Tenderlokomotive. Die Union-Gießerei Königsberg entwickelte für diesen Zweck eine 1´Ch2-Tenderlok, deren vier Baumuster die KED Berlin 1902 zunächst als Gattung T 10 übernahm. Die mit einem Rauchkammerüberhitzer der Bauart Schmidt ausgerüsteten Maschinen erwiesen sich bei Probe- und Vergleichsfahrten mit anderen Gattungen als die beste Konstruktion. Die Firma Borsig lieferte daraufhin 1905 weitere 68 Exemplare mit auf 540 mm vergrößerten Zylindern. Nach weiteren Versuchen auf der Stadtbahn begann 1911 die Serienlieferung der T 12. Bis 1921 stellte die KPEV insgesamt 974 Loks in Dienst. Die T 12 war bis zur Elektrifizierung der Stadtbahn das Rückgrat im Berliner Nahverkehr.

In der zweiten Hälfte der 20er-Jahre übernahm die T 12 Aufgaben im Nebenbahn- und im Rangierdienst. Bundes- und Reichsbahn konnten erst in den 60er-Jahren auf die Dienste der bewährten Konstruktion verzichten. Die 74 1192 und die 74 1230 blieben als Museumsloks erhalten.

Baureihe 75⁵ (Länderbahnlok, sächsische XIV HT)

Foto: Klaus

Technische Daten

	75 501	75 515
Bauart	1´C1´h2t	1´C1´h2t
Betriebsgattung	Pt 35.17	Pt 35.17
Länge über Puffer	12.415 mm	12.415 mm
Höchstgeschwindigkeit v/r	75/75 km/h	75/75 km/h
Zylinderdurchmesser	550 mm	550 mm
Kolbenhub	660 mm	660 mm
Treib- und Kuppelraddurchmesser	1.590 mm	1.590 mm
Laufraddurchmesser v/h	1.065 mm	1.065 mm
Kesselüberdruck	12 kp/cm²	12 kp/cm²
Rostfläche	2,3 m²	2,3 m²
Verdampfungsheizfläche	123,92 m²	123,92 m²
Dienstmasse (2/3 Vorräte)	75,9 t	73,2 t
Brennstoffvorrat	2,5 t	2,5 t
Wasserkasteninhalt	8 m³	8 m³
indizierte Leistung	990 PS$_i$	990 PS$_i$
indizierte Zugkraft (0,8)	12,95 Mp	12,95 Mp

Die K.Sächs.Sts.E. gaben für den Vorort- und Berufsverkehr bei der SMF 1910 eine 1´C1´h2-Tenderlok in Auftrag. 1911 wurden die ersten acht Maschinen als Gattung XIV HT in Dienst gestellt. Mit einem Leergewicht von 62,7 Tonnen war die XIV HT die schwerste aller von den deutschen Länderbahnen entwickelten 1´C1´-Tenderloks. Die XIV HT erwies sich als eine sehr gelungene Konstruktion. Mit 75 km/h konnte die Maschine mühelos einen 750 Tonnen schweren Reisezug in der Ebene befördern. Bis 1921 fertigte die SMF insgesamt 106 Exemplare, von denen 23 als Reparationen an Polen und Frankreich abgeben werden mussten.

Die DRG reihte deshalb 1925 nur noch 83 XIV HT als Baureihe 75⁵ in ihren Bestand ein. Die XIV HT war in fast allen sächsischen Bahnbetriebswerken zuhause und erfreute sich hier bei den Personalen großer Beliebtheit. Auch die DR in der DDR konnte lange nicht auf die 75⁵ verzichten. Erst 1970 hatte die BR 75⁵ ausgedient.

Baureihe 70⁰ (Länderbahnlok, bayerische Pt 2/3)

Technische Daten

Bauart	1 B h2t
Betriebsgattung	Pt 23.14
Länge über Puffer	9.165 mm
Höchstgeschwindigkeit v/r	65/65 km/h
Zylinderdurchmesser	375 mm
Kolbenhub	500 mm
Treib- und Kuppelraddurchmesser	1.250 mm
Laufraddurchmesser v/h	850 mm
Kesselüberdruck	12 kp/cm²
Rostfläche	1,22 m²
Verdampfungsheizfläche	57,94 m²
Dienstmasse (2/3 Vorräte)	37,2 t
Brennstoffvorrat	1,1 t
Wasserkasteninhalt	6,0 m³
indizierte Leistung	420 PS$_i$
indizierte Zugkraft (0,8)	5,4 Mp

Für den Einsatz im leichten Personenverkehr auf Nebenstrecken kaufte die Königlich Bayerische Staatseisenbahn 1909 von der Firma Krauss in München eine kleine 1B h2-Tenderlok, die es bis dahin in Deutschland noch nicht gegeben hatte. Der Achsstand zwischen der vorderen Laufachse und dem ersten Kuppelradsatz betrug 4.000 mm. Der Abstand zwischen den beiden Kuppelachsen maß nur 1.450 mm. Mit dieser ungewöhnlichen Lok wollte die Firma Krauss den Nachweis erbringen, dass Dampflokomotiven im leichten Reisezugdienst mit den sich langsam entwickelnden Triebwagen konkurrieren können. Immerhin konnten die als Pt 2/3 bezeichneten Loks bei 65 km/h in der Ebenen einen 375 Tonnen schweren Zug befördern. Der Nachweis gelang und die DRG reihte 1925 insgesamt 97 Loks als BR 70⁰ in ihren Bestand ein. Zwischen 1934 und 1937 rüstete die DRG 50 Maschinen mit einer vorderen Bisselachse aus.

Die kleinen Loks waren auf zahlreichen Nebenbahnen in Bayern im Einsatz. Erst in der zweiten Hälfte der 50er-Jahre sank der Stern der BR 70⁰.

Baureihe 75⁶ (Privatbahnlok der ELE)

Technische Daten

Bauart	1´C1´h2t
Betriebsgattung	Pt 35.15
Länge über Puffer	12.530 mm
Höchstgeschwindigkeit v/r	80/80 km/h
Zylinderdurchmesser	520 mm
Kolbenhub	630 mm
Treib- und Kuppelraddurchmesser	1.500 mm
Laufraddurchmesser v/h	1.000/1.000 mm
Kesselüberdruck	13 kp/cm²
Rostfläche	1,88 m²
Verdampfungsheizfläche	97,76 m²
Dienstmasse (2/3 Vorräte)	60,7 t
Brennstoffvorrat	3,5 t
Wasserkasteninhalt	9,3 m³
indizierte Leistung	k. A.
indizierte Zugkraft (0,8)	k. A.

Als Anfang der 20er-Jahre der Reiseverkehr auf den Strecken der Eutin-Lübecker Eisenbahn (ELE) wieder zunahm, kamen die bisher eingesetzten Maschinen an der Grenze ihrer Leistungsfähigkeit an. Die ELE gab deshalb bei Henschel & Sohn eine 1´C1´-Tenderlok mit einer Höchstgeschwindigkeit von 80 km/h in Auftrag. 1924 lieferte die ELE das Baumuster ab und bezeichnete es als Nr. 11ᴵᴵ. Die Neukonstruktion erfüllte die Erwartungen der ELE und so wurden bis 1927 insgesamt vier Maschinen in Dienst gestellt. Die Loks waren das Rückgrat im Personenverkehr der ELE. Bei der Verreichlichung der Gesellschaft reihte die Reichsbahn die Loks als 74 631–634 in ihren Bestand ein. Nach dem Zweiten Weltkrieg verblieben drei Loks in westlichen Besatzungszonen. Da sie Einzelgänger im Fahrzeugpark der Reichsbahn waren, wurden sie Ende der 40er-Jahre an die Teutoburger Waldeisenbahn (TWE) verkauft. Die 75 634 kam 1970 zur Farge-Vegesacker Eisenbahn, wo sie noch ein Jahr im Einsatz war. 1973 übernahm der VVM die Maschine, die seither in Aumühle bei Hamburg steht.

Baureihe 75^{10–11} (Länderbahnlok, badische VIc^{8–9})

Foto: Reiners

Technische Daten

Bauart	1´C1´h2t
Betriebsgattung	Pt 35.15
Länge über Puffer	12.700 mm
Höchstgeschwindigkeit v/r	100/100 km/h
Zylinderdurchmesser	540 mm
Kolbenhub	640 mm
Treib- und Kuppelraddurchmesser	1.600 mm
Laufraddurchmesser v/h	990/990 mm
Kesselüberdruck	12 kp/cm²
Rostfläche	2,06 m²
Verdampfungsheizfläche	103,52 m²
Dienstmasse (2/3 Vorräte)	79,5 t
Brennstoffvorrat	4,5 t
Wasserkasteninhalt	10 m³
indizierte Leistung	790 PS$_i$
indizierte Zugkraft (0,8)	11,2 Mp

Die Großherzoglich Badische Staatsbahn beschaffte als erste deutsche Länderbahn 1900 eine Tenderlok mit der Achsfolge 1´C1´. Zunächst waren die als VI b bezeichneten Loks für den Einsatz auf der Strecke Freiburg–Neustadt gedacht. Da sich diese VI b sehr gut bewährte, ging die Badische Staatsbahn 1914 unter Beibehaltung der Achsfolge zum Heißdampftriebwerk über. Die neuen Maschinen wurden 1914 als VI c in Dienst gestellt. Sie unterschieden sich von ihren Vorgängern durch die unterschiedlichen Abstände zwischen den Kuppelachsen, den größeren Treibraddurchmesser und das Heißdampftriebwerk.

Die Maschinen erwiesen sich als hervorragende Konstruktion. Bis 1921 stellte die Badische Staatsbahn insgesamt 135 Maschinen in Dienst. Die VI b und VI c machten nach dem ersten Weltkrieg rund die Hälfte des Fuhrparks der Badischen Staatsbahn aus. Reparationsforderungen von Frankreich und Belgien reduzierten die Bestand auf 107 Loks. Die letzen beiden Lieferungen reihte die DRG als 75^{10–11} ein. In den 20er-Jahren verließen einige VI c ihre angestammte Heimat, so dass nach dem Zweiten Weltkrieg 29 Loks in der DDR verblieben. Die letzten von ihnen wurden 1969 ausgemustert. Die DB hatte bereits 1967 mit der 75 1118 ihre letzte VI c abgestellt.

Baureihe 78⁰⁻⁵ (Länderbahnlok, preußische T 18)

Foto: Krantz

Technische Daten

Bauart	2′C2′h2t
Betriebsgattung	Pt 37.17
Länge über Puffer	14.800 mm
Höchstgeschwindigkeit v/r	100/100[1] km/h
Zylinderdurchmesser	560 mm
Kolbenhub	630 mm
Treib- und Kuppelraddurchmesser	1.650 mm
Laufraddurchmesser v/h	1.000/1.000 mm
Kesselüberdruck	12 kp/cm²
Rostfläche	2,44 m²
Verdampfungsheizfläche	135,92 m²
Dienstmasse (2/3 Vorräte)	100,5 t
Brennstoffvorrat	4,5 t
Wasserkasteninhalt	12 m³
indizierte Leistung	1.140 PS$_i$
indizierte Zugkraft (0,8)	11,5 Mp

Anmerkung
[1] 78 009 nur 90/90 km/h

Die Königlichen Eisenbahn-Direktionen Mainz und Stettin forderten ab 1910 die Beschaffung einer leistungsstarken Personenzug-Tenderlok. Während die KED Mainz einen Ersatz für den Eil- und Schnellzugdienst zwischen Frankfurt (Main) und Wiesbaden benötigte, war auf der Insel Rügen die T 12 im Schnellzugdienst zwischen Altefähr und Saßnitz total überfordert. Ende 1911 beauftragte die KPEV die Firma Vulcan mit der Entwicklung einer 2′C2′-Tenderlok. Bereits wenige Monate später konnte die KPEV die erste Maschine erproben. Vor einem 456 Tonnen schweren Zug bewies die T 18 zwischen Berlin-Grunewald und Mansfeld ihre Leistungsfähigkeit. Besonders hervorgehoben wurden die sehr guten Laufeigenschaften. Durch einen verbesserten Massenausgleich konnte die Höchstgeschwindigkeit von 90 auf 100 km/h angehoben werden.

Die KPEV begann umgehend mit der Serienproduktion der T 18. Aber auch Privatbahnen, die Württembergischen Staatsbahnen, die Bahnen des Saargebietes und die Türkei beschafften die T 18. Insgesamt 534 Maschinen wurden gebaut. Die DRG übernahm 1925 insgesamt 460 Maschinen, die sich im schweren Personen- und leichten Schnellzugdienst bewährten. Nach dem Zweiten Weltkrieg konnten DB und DR auf die T 18 nicht verzichten. Erst 1975 musterte die DB die letzte T 18 aus.

Baureihe 80 (Einheitslok)

Foto: Slg. Endisch

Technische Daten

Bauart	C h2t
Betriebsgattung	Gt 33.17
Länge über Puffer	9.670 mm
Höchstgeschwindigkeit v/r	45/45 km/h
Zylinderdurchmesser	450 mm
Kolbenhub	550 mm
Treib- und Kuppelraddurchmesser	1.100 mm
Kesselüberdruck	14 kp/cm²
Rostfläche	1,52 m²
Verdampfungsheizfläche	69,62 m²
Dienstmasse (2/3 Vorräte)	52,1 t
Brennstoffvorrat	2 t
Wasserkasteninhalt	5 m³
indizierte Leistung	575 PS_i
indizierte Zugkraft (0,8)	11,34 Mp

Im Rangierdienst setzte die DRG meist ältere Maschinen, die im Streckendienst nicht mehr benötigt wurden, ein. Dies erwies sich jedoch langfristig als unwirtschaftlich, da die Unterhaltung dieser veralteten Lokomotiven mit erheblichen Kosten verbunden war. Außerdem verbrachten die hier zumeist eingesetzten Nassdampfloks zu viel Wasser und Kohle. Aus diesen Gründen nahm die DRG in ihr Einheitsloksprogramm auch eine Typenserie für Rangierlokomotiven vor. Die kleinste Maschine dieser Reihe war die BR 80. Die Vorarbeiten für die kleinen Ch2-Tenderloks waren bereits 1927 abgeschlossen und nur ein Jahr später stellte die DRG die ersten Maschinen in Dienst. Insgesamt 39 Maschinen wurden bis 1929 gebaut.

Die nicht einmal zehn Meter langen Loks waren mit ihrem Barrenrahmen und dem genieteten Kessel echte Einheitsmaschinen. Die zunächst in Leipzig und Köln eingesetzten 80er geizten nicht mit Leistung: Sie konnten mühelos 900 Tonnen mit 45 km/h in der Ebene bewältigen.

Nach dem Zweiten Weltkrieg verblieben 21 Exemplare bei der DR und 17 bei der DB. Beide Bahnverwaltungen trennten sich bis 1962 von ihren 80ern. Doch in Ausbesserungswerken und Kohlengruben fanden sie ein neues Betätigungsfeld. Erst 1977 wurden die letzten beiden Exemplare abgestellt.

Foto: Endisch

Technische Daten

Bauart	D h2t
Betriebsgattung	Gt 44.17
Länge über Puffer	11.080 mm
Höchstgeschwindigkeit v/r	45/45 km/h
Zylinderdurchmesser	500 mm
Kolbenhub	550 mm
Treib- und Kuppelraddurchmesser	1.100 mm
Kesselüberdruck	14 kp/cm^2
Rostfläche	1,82 m^2
Verdampfungsheizfläche	95,91 m^2
Dienstmasse (2/3 Vorräte)	67,5 t
Brennstoffvorrat	3,0 t
Wasserkasteninhalt	8 m^3
indizierte Leistung	860 PS$_i$
indizierte Zugkraft (0,8)	14,0 Mp

Neben der Baureihe 80 entwickelte die DRG für den schweren Rangierdienst die vierfachgekuppelten Maschinen der Baureihe 81. Diese Gattung basierte auf der DR 80 und besaß zahlreiche baugleiche Teile. Führerhaus, Räder, Steuerung und andere Baugruppen hatten man ohne Änderungen von der kleinen Schwester übernommen.

Die von der DRG bestellten zehn Maschinen lieferte die Hanomag 1927 ab. Zwar erfüllten die Loks in Sachen Leistung – sie konnten 1.100 Tonnen in der Ebene mit 45 km/h schleppen – und Wirtschaftlichkeit die Erwartungen der DRG, doch der große Erfolg blieb der BR 81 verwehrt. Da Geld für den Kauf neuer Loks knapp war und der Rangierdienst nicht oberste Priorität besaß, verzichtete die DRG auf die Beschaffung weiterer Loks. Die 1939 bestellten 60 Exemplare mussten zugunsten der BR 52 storniert werden.

Die DB übernahm 1949 die zehn 81er, die schrittweise wieder aufgearbeitet wurden. Das Bw Oldenburg Hbf setzte die Maschinen nun bis zu ihrer Ausmusterung Anfang der 60er-Jahre im schweren Rangierdienst ein. Als letzte ihrer Baureihe wurde am 13. April 1963 die 81 004 abgestellt. Sie entging auch als einzige dem Schneidbrenner. Heute wird die Lok vom »Hessencourier« in Naumburg betreut, der die 81 004 erst einmal äußerlich aufarbeiten will.

Baureihe 82 (Neubaulok DB)

Technische Daten

Bauart	E h2t
Betriebsgattung	Gt 55.18
Länge über Puffer	14.060 mm
Höchstgeschwindigkeit v/r	70/70 km/h
Zylinderdurchmesser	600 mm
Kolbenhub	660 mm
Treib- und Kuppelraddurchmesser	1.400 mm
Kesselüberdruck	14 kp/cm^2
Rostfläche	2,39 m^2
Verdampfungsheizfläche	122,21 m^2
Dienstmasse (2/3 Vorräte)	91,8 t
Brennstoffvorrat	4,0 t
Wasserkasteninhalt	11 m^3
indizierte Leistung	1.290 PS$_i$
indizierte Zugkraft (0,8)	19,00 Mp

Bereits Ende der 30er-Jahre gab es bei der Deutschen Reichsbahn Überlegungen, die Fünfkuppler der Baureihe 94 durch eine Eh2-Tenderlok zu ersetzten, denn alle 94er besaßen über 40 km/h mangelhafte Laufeigenschaften. Der Zweite Weltkrieg beendete aber diese Diskussionen. Die Reichsbahn in den westlichen Besatzungszonen griff dieses Thema aber wieder auf und sah in ihrem Neubaulok-Programm als BR 82 eine Eh2t-Maschine vor. Die Firma Henschel lieferte schließlich am 15. September 1950 mit der 82 023 die erste Neubau-Dampflok der DB.

Die Maschine vermochte zu überzeugen. Der geschweißte Kessel lieferte genug Dampf, damit die 82er mühelos 800 t mit 70 km/h in der Ebene schleppen konnte. Die Beugniot-Hebel sorgten für gute Laufeigenschaften. Bis 1955 stellte die DB insgesamt 41 Maschinen in Dienst.

Außer im schweren Rangierdienst machten sich die 82er auch vor Personen- und Güterzügen nützlich.

Baureihe 85 (Einheitslok)

Technische Daten

Bauart	1´E1´h2t
Betriebsgattung	Gt 57.20
Länge über Puffer	16.300 mm
Höchstgeschwindigkeit v/r	80/80 km/h
Zylinderdurchmesser	600 mm
Kolbenhub	660 mm
Treib- und Kuppelraddurchmesser	1.400 mm
Laufraddurchmesser v/h	850/850 mm
Kesselüberdruck	14 kp/cm^2
Rostfläche	3,55 m^2
Verdampfungsheizfläche	195,95 m^2
Dienstmasse (2/3 Vorräte)	133,6 t
Brennstoffvorrat	4,5 t
Wasserkasteninhalt	14 m^3
indizierte Leistung	1.500 PS$_i$
indizierte Zugkraft (0,8)	28,51 Mp

Ende der 20er-Jahre wollte die DRG den Zahnradbetrieb auf der Höllentalbahn zwischen Hirschsprung und Hinterzarten auf Reibungsbetrieb umstellen. Für dieses ehrgeizige Unterfangen fehlten aber Maschinen. Deshalb gab die DRG eine neue fünffachgekuppelte Tendermaschine mit 20 Tonnen Achslast im Rahmen des Einheitslok-Programms in Auftrag. Die Ingenieure nutzten nun die Vorteile der normierten und typisierten Einheitslokomotiven. Das Trieb- und Fahrwerk der als BR 85 vorgesehenen Maschine stammte von der BR 44, während der Kessel mit Ausnahme der Rauchkammer von der BR 62 übernommen wurde. So war die Konstruktion der BR 85 innerhalb kürzester Zeit abgeschlossen.

Bereits 1932 lieferte die Firma Henschel & Sohn die erste Lok. Bis 1933 stellte die RBD Karlsruhe insgesamt zehn Exemplare der BR 85 in Dienst. Die Zugkraft der Loks war enorm: Mit 70 km/h zogen sie einen 920 Tonnen schweren Zug in der Ebene. Die zehn im Bw Freiburg stationierten 85er trugen die Hauptlast des Zugverkehrs auf der Höllentalbahn bis zu deren Elektrifizierung im Sommer 1960.

Baureihe 86 (Einheitslok)

Foto: Pilkenrodt

Technische Daten

Bauart	1´D1´h2t
Betriebsgattung	Gt 46.15
Länge über Puffer	13.820[1] mm
Höchstgeschwindigkeit v/r	70/70[2] km/h
Zylinderdurchmesser	570 mm
Kolbenhub	660 mm
Treib- und Kuppelraddurchmesser	1.400 mm
Laufraddurchmesser v/h	850/850 mm
Kesselüberdruck	14 kp/cm^2
Rostfläche	2,35[3] m^2
Verdampfungsheizfläche	117,3 m^2
Dienstmasse (2/3 Vorräte)	84,2[4] t
Brennstoffvorrat	4 t
Wasserkasteninhalt	9 m^3
indizierte Leistung	940 PS$_i$
indizierte Zugkraft (0,8)	20,16 Mp

Anmerkungen
[1] ab 86 230: 13.920 mm
[2] ab 86 234: 80/80 km/h
[3] ab 86 293: 2,37 m^2
[4] ab 86 293: 83,0 t

Die BR 86 gehört wie die Baureihen 24 und 64 zu den Nebenbahnlokomotiven des Einheitslok-Programms der DRG. Ihr eigentliches Aufgabengebiet sollte der schwere Güterzug- und Reisezugdienst auf Nebenstrecken mit größeren Steigungen sein. Aus diesem Grund erhielt sie kleinere Kuppelräder und die Achsfolge 1´D1´. Ansonsten stimmte sie aber in zahlreichen Bauteilen mit den Baureihen 24 und 64 überein.

Die Maschinenbau-Gesellschaft Karlsruhe lieferte 1928 die ersten sieben Maschinen aus, die noch eine Riggenbach-Gegendruckbremse besaßen. Zwar erfüllte die BR 86 das vorgeschriebene Leistungsprogramm, die Laufeigenschaften hingegen überzeugten nicht völlig. Erst der Einbau von Krauss-Helmholtz-Lenkgestellen ab 86 293 anstelle der ursprünglichen Bissel-Achsen lösten dieses Problem. Mit dem Einbau einer Scherenbremse konnte die Höchstgeschwindigkeit von 70 auf 80 km/h erhöht werden.

Bis 1943 wurden insgesamt 774 Lokomotiven der BR 86 gebaut, von denen nur 386 bei der DB und 173 bei der DR verblieben. Die DB trennte sich 1974 von den letzten 86ern. Bis 1976 musterte die DR die meisten Loks aus. Zwischen 1982 und 1988 erlebten die letzten fünf DR-86er eine Renaissance auf der Strecke Schlettau–Crottendorf im Erzgebirge. Dazu gehörte auch die 86 001.

Baureihe 88⁷³ (Länderbahnlok, pfälzische T 1)

Technische Daten

Bauart	B n2t
Betriebsgattung	Gt 22.14
Länge über Puffer	8.005 mm
Höchstgeschwindigkeit v/r	45/45 km/h
Zylinderdurchmesser	330 mm
Kolbenhub	508 mm
Treib- und Kuppelraddurchmesser	980 mm
Kesselüberdruck	10 kp/cm^2
Rostfläche	0,99 m^2
Verdampfungsheizfläche	64,5 m^2
Dienstmasse (2/3 Vorräte)	29,8 t
Brennstoffvorrat	0,9 t
Wasserkasteninhalt	3,5 m^3
indizierte Leistung	k. A.
indizierte Zugkraft (0,8)	k. A.

Für den leichten Rangierdienst beschaffte die Pfalzbahn 1892 die kleinen zweifachgekuppelten Maschinen der Gattung T 1. Die Loks lehnten sich in Technik und Konstruktion sehr stark an die bayerische D IV an. Typisch für die Maschinen war der zwischen den Rahmenwangen eingehängte Wasserkasten, der den Loks einen tiefen Schwerpunkt gab. Die pfälzischen Maschinen unterschieden sich von ihren Vorbildern lediglich durch andere Armaturen, Ausrüstungen, den Sandkasten und den nach vorn abgeschrägten Kohlenkasten.

Bis 1897 stellte die Pfalzbahn insgesamt 31 Maschinen in Dienst. Die DRG übernahm 1925 noch 21 dieser unverwüstlichen Loks. Doch bis 1933 schrumpfte der Bestand auf drei Exemplare zusammen. Als eine der Letzten wurde 1936 die 88 7306 ausgemustert. Als »Rangier-Gerät« Nr. 805 80001 stand sie bis 1961 im Bw Ludwigshafen unter Dampf. Der Weg zum Schneidbrenner blieb ihr erspart.

Baureihe 88⁷⁴ (Länderbahnlok, württembergische T 2)

Technische Daten

Bauart	B n2t
Betriebsgattung	Gt 22.8
Länge über Puffer	6.380 mm
Höchstgeschwindigkeit v/r	30/30 km/h
Zylinderdurchmesser	270 mm
Kolbenhub	380 mm
Treib- und Kuppelraddurchmesser	800 mm
Kesselüberdruck	12 kp/cm^2
Rostfläche	0,51 m^2
Verdampfungsheizfläche	26,5 m^2
Dienstmasse (2/3 Vorräte)	15,3 t
Brennstoffvorrat	0,5 t
Wasserkasteninhalt	1,6 m^3
indizierte Leistung	k. A.
indizierte Zugkraft (0,8)	k. A.

Die Württembergische Staatsbahn beschaffte für den leichten Rangierdienst im Stuttgarter Hauptbahnhof 1896 erstmals von der Maschinenbaugesellschaft Heilbronn einen Zweikuppler der Klasse T 2. Typisch für die nur 6.380 mm lange Lok waren die Vollscheibenradsätze und der zwischen den Rahmenwangen untergebrachte Wasserkasten. Da sich die kleine Maschine als sparsame und robuste Konstruktion erwies, beschaffte die Württembergische Staatsbahn bis 1904 insgesamt zehn Exemplare der T 2.

Anfang der 20er-Jahre hatten die kleinen Zweikuppler ausgedient. Sie wurden jedoch nicht verschrottet, sondern als Werkloks verkauft. Das betraf auch die Lok 1005, die 1920 an das Hüttenwerk Lauchertal veräußert wurde und hier über Jahrzehnte hinweg ihren Dienst versah. Erst 1977 hatte die kleine Maschine ausgedient. Über das Eisenbahnmuseum Darmstadt-Kranichstein gelangte sie zum DTM Berlin.

Baureihe 89⁰ (Einheitslok)

Foto: Krantz, Slg. Endisch

Technische Daten

Bauart	C h2t
Betriebsgattung	Gt 33.
Länge über Puffer	9.600 mm
Höchstgeschwindigkeit v/r	45/45 km/h
Zylinderdurchmesser	420 mm
Kolbenhub	550 mm
Treib- und Kuppelraddurchmesser	1.100 mm
Kesselüberdruck	14 kp/cm^2
Rostfläche	1,42 m^2
Verdampfungsheizfläche	67,86 m^2
Dienstmasse (2/3 Vorräte)	44,1 t
Brennstoffvorrat	2,6 t
Wasserkasteninhalt	4,5 m^3
indizierte Leistung	525 PS$_i$
indizierte Zugkraft (0,8)	9,88 Mp

Obwohl sich die Baureihen 80 und 81 sehr gut bewährt hatten, stand 1931 bei der DRG erneut die Beschaffung einer neuen Rangierloks zur Diskussion. Diese Maschine sollte allerdings mit einer Achslast von 15 Tonnen leichter sein. Zudem gab es Stimmen, die meinten, eine Nassdampflok könne im Rangierdienst aufgrund der vielen Stillstandszeiten wirtschaftlicher sein, als eine Heißdampfmaschine. Um diese Frage zu klären, gab die DRG bei der BMAG die Nassdampfloks 89 001–003 und bei Henschel die Heißdampfloks 89 004–006 in Auftrag.

Die Maschinen waren mit einer Länge über Puffer von 9.600 etwas kleiner als die BR 80. Im Unterschied zu allen anderen Einheitslok besaßen sie außerdem einen Blechrahmen und einen zwischen den Rahmenwangen hängenden Wasserkasten. Außerdem waren schon zahlreiche Teile geschweißt. Alle sechs Maschinen kamen zum Bw Berlin Anhalter Bf, wo sie auch messtechnisch untersucht wurden. Dabei zeigte sich, dass die Heißdampfloks in Sachen Leistung und Verbrauch den Nassdampfmaschinen überlegen waren. Die DRG stellte 1938 noch einmal vier weitere Maschinen in Dienst.

Nach dem Zweiten Weltkrieg standen bei der DR in der DDR nur noch die 89 005 und die 89 008 unter Dampf. Letztere diente bis 1968 als Rangierlok im Raw Dresden und blieb der Nachwelt erhalten.

Baureihe 89³ (Länderbahnlok, württembergische T 3)

Foto: Krantz

Technische Daten

Bauart	C n2t
Betriebsgattung	Gt 33.14
Länge über Puffer	8,505 mm
Höchstgeschwindigkeit v/r	45/45 km/h
Zylinderdurchmesser	380 mm
Kolbenhub	540 mm
Treib- und Kuppelraddurchmesser	1.045 mm
Kesselüberdruck	12 kp/cm²
Rostfläche	1,0 m²
Verdampfungsheizfläche	63,9 m²
Dienstmasse (2/3 Vorräte)	35,7 t
Brennstoffvorrat	1,5 t
Wasserkasteninhalt	5,3 m³
indizierte Leistung	k. A.
indizierte Zugkraft (0,8)	k. A.

Ein weit gefächertes Aufgabengebiet sah die Württembergische Staatsbahn für ihre dreifachgekuppelten Tenderlokomotiven der Klasse T 3 vor. Die unter der Leitung des württembergischen Maschinenmeisters Adolf Klose entwickelten Maschinen sollten nicht nur im Rangier- und Nebenbahndienst zum Einsatz kommen, sondern auch für Schiebeleistungen auf der Geislinger Steige Verwendung finden. In ihrer technischen Konzeption bot die T 3 keine Neuerungen, sondern orientierte sich an anderen bewährten Dreikupplern ihrer Zeit. Das Triebwerk wurde großzügig dimensioniert und eine Heusinger-Steuerung eingebaut. Allerdings waren die Überhänge zu groß, so dass die Maschine von Anfang an schlechte Laufeigenschaften besaß. 1891 lieferte Krauss die ersten acht T 3 ab. Insgesamt wurden 110 Loks gebaut, die alle von der DRG übernommen wurden.

Aufgrund der mangelhaften Laufeigenschaften trennte sich die DRG aber recht schnell von der T 3. 1950 wurde die Letzte von ihnen ausgemustert. Einige von ihnen fanden aber eine neue Heimat bei Werkbahnen, wo sie teilweise viele Jahre lang – z. B. beim Gaswerk Stuttgart oder dem Zementwerk Leimen – im Einsatz standen. Auch vier der fünf erhalten gebliebenen Maschinen überdauerten so die Zeit.

Baureihe 89⁶ (Länderbahnlok, bayerische D II^{II})

Technische Daten

Bauart	C n2t
Betriebsgattung	Gt 33.15
Länge über Puffer	9.413 mm
Höchstgeschwindigkeit v/r	45/45 km/h
Zylinderdurchmesser	420 mm
Kolbenhub	610 mm
Treib- und Kuppelraddurchmesser	1.216 mm
Kesselüberdruck	12 kp/cm²
Rostfläche	1,62 m²
Verdampfungsheizfläche	88,6 m²
Dienstmasse (2/3 Vorräte)	42,7 t
Brennstoffvorrat	1,2 t
Wasserkasteninhalt	5,0 m³
indizierte Leistung	430 PS$_i$
indizierte Zugkraft (0,8)	8,5 Mp

Erst recht spät ging die Bayerische Staatsbahn zur Beschaffung von Tenderlokomotiven über. Zunächst setzte man die älteren Schlepptenderlokomotiven in untergeordneten Diensten ein. Als jedoch das Nebenbahnnetz immer dichter wurde, stellte die Bayerische Staatsbahn Tenderloks in Dienst. Für den Einsatz auf Nebenstrecken lieferte Krauss 1898 die ersten Exemplare der Gattung D II^{II}.

Die Cn2t-Maschinen besaßen einen genieteten Blechrahmen und einen genieteten Kessel. Die schmale, zwischen den Rahmenwangen eingezogene Feuerbüchse besaß eine halbrunde Decke. Neben den beiden kleinen seitlichen Wasserkästen hing zwischen den Rahmenwangen ein weiterer Wasserkasten. Der Kohlenvorrat hingegen lagerte links vor dem Führerhaus.

Von der D II^{II} stellte die Bayerische Staatsbahn insgesamt 73 Maschinen in Dienst. Auch nach dem Zweiten Weltkrieg konnte man auf die D II^{II} nicht verzichten. In den 50er-Jahren schieden die letzten aus.

Baureihe 89⁷⁻⁸ (Länderbahnlok, bayerische R 3/3)

Technische Daten

Bauart	C n2t
Betriebsgattung	Gt 33.16
Länge über Puffer	9.974 mm
Höchstgeschwindigkeit v/r	45/45 km/h
Zylinderdurchmesser	420 mm
Kolbenhub	610 mm
Treib- und Kuppelraddurchmesser	1.216 mm
Kesselüberdruck	12 kp/cm²
Rostfläche	1,62 m²
Verdampfungsheizfläche	88,6 m²
Dienstmasse (2/3 Vorräte)	45,6 t
Brennstoffvorrat	1,1 t
Wasserkasteninhalt	5,0 m³
indizierte Leistung	430 PS$_i$
indizierte Zugkraft (0,8)	8,5 Mp

In Anlehnung an die D II^{II} gab die Bayerische Staatsbahn 1906 bei der Firma Krauss eine dreifachgekuppelte Rangierlokomotive in Auftrag, von der bis 1913 insgesamt 18 Exemplare geliefert wurden. Diese Maschinen bezeichnete die Bayerische Staatsbahn als R 3/3.

Da nach dem Ersten Weltkrieg in Bayern leistungsfähige Tenderloks für den Verschub fehlten, erhielt Krauss den Auftrag zum Bau weiterer 90 Lokomotiven, die zwischen 1921 und 1923 gebaut wurden. Diese ebenfalls noch als R 3/3 bezeichneten Maschinen waren etwas länger und besaßen einen Lüftungsaufsatz auf dem Führerhaus. Durch diese und andere Änderungen stieg die Achslast auf 15,8 Tonnen.

Die DRG übernahm noch insgesamt 107 Loks der Gattung R 3/3. Sie gehörten auf vielen Bahnhöfen in Bayern über Jahrzehnte zum vertrauten Bild. 1952 hielt die DB noch 100 R 3/3 vor. Doch in den folgenden Jahren sank ihr Stern sehr schnell. Bereits 1961 wurden mit 89 801 und 89 883 die beiden Letzten ihrer Baureihe ausgemustert.

Baureihe 89¹⁰ (Länderbahnlok, preußische T 8)

Technische Daten

Bauart	C h2t
Betriebsgattung	Gt 33.14
Länge über Puffer	9.500 mm
Höchstgeschwindigkeit v/r	45/45 km/h
Zylinderdurchmesser	510 mm
Kolbenhub	600 mm
Treib- und Kuppelraddurchmesser	1.350 mm
Kesselüberdruck	12 kp/cm²
Rostfläche	1,23 m²
Verdampfungsheizfläche	68,5 m²
Dienstmasse (2/3 Vorräte)	42,1 t
Brennstoffvorrat	1,1 t
Wasserkasteninhalt	5 m³
indizierte Leistung	690 PS$_i$
indizierte Zugkraft (0,8)	11,0 Mp

Die Preußische Staatsbahn benötigte Anfang des 20. Jahrhunderts eine neue Tenderlokomotive für den Rangierdienst und den Einsatz im Nebenbahn- und Vorortverkehr. Mit der Entwicklung des gewünschten Heißdampf-Dreikupplers wurde die Maschinenbaugesellschaft Breslau beauftragt. Bei der Konstruktion gab es erhebliche Schwierigkeiten. Um die vorgegebene Achslast nicht all zu sehr zu überschreiten, mussten die Bleche des Kessels und des Rahmens schwächer ausgeführt werden. 1906 wurden die ersten Maschinen in Dienst gestellt. Zwar war die Zugkraft sehr gut, doch die Laufeigenschaften waren aufgrund der Überhänge sehr schlecht. Das Personal nannte die T 8 deshalb »Knochenschüttler«. So verwundert es auch nicht, dass die KPEV nur 100 Maschinen der T 8 in Dienst stellte, von denen die DRG noch 78 übernahm. Bereits Anfang der 30er-Jahre trennte sich die DRG von ihrer letzten T 8. Einige von ihnen fanden bei Privat- und Werkbahnen ein neues Betätigungsfeld.

Baureihe 90⁰⁻² (Länderbahnlok, preußische T 9¹)

Technische Daten

Bauart	C1´n2t
Betriebsgattung	Gt 34.14
Länge über Puffer	11.320 mm
Höchstgeschwindigkeit v/r	60/60 km/h
Zylinderdurchmesser	430 mm
Kolbenhub	630 mm
Treib- und Kuppelraddurchmesser	1.350 mm
Laufraddurchmesser h	1.000 mm
Kesselüberdruck	12 kp/cm²
Rostfläche	1,53 m²
Verdampfungsheizfläche	107,76 m²
Dienstmasse (2/3 Vorräte)	54,5 t
Brennstoffvorrat	1,5 t
Wasserkasteninhalt	5,83 m³
indizierte Leistung	450 PS$_i$
indizierte Zugkraft (0,8)	8,3 Mp

Als Ersatz für die Reise- und Güterverkehr auf steigungs- und krümmungsreichen Nebenstrecken eingesetzte T 7 beauftragte die Preußische Staatsbahn Borsig mit der Entwicklung einer neuen Tenderlok. Da die T 7 eigentlich nur einen größeren Kessel benötigte, übernahmen man das Lauf- und Triebwerk der T 7 und ergänzte es um eine hintere Laufachse, die den größeren Kessel abstützte. Bereits 1892 lieferte Borsig die ersten T 9¹ aus. Bis 1901 wurden insgesamt 426 Loks in Dienst gestellt. Doch die Freude an den neuen Maschinen war nicht ungetrübt: Die als Adamsachse ausgebildete hintere Laufachse neigte bei Entlastung zum Entgleisen, so dass die T 9¹ nur wenige Jahre später in untergeordnete Dienst abgeschoben wurde. Die DRG reihte nur noch 231 Loks als BR 90⁰⁻² in ihren Bestand ein. Die meisten von ihnen wurden bis 1939 ausgemustert. Die vom VBV in Braunschweig eingesetzte T 9¹ »Coeln 1857« entstand 1992 im Ausbesserungswerk Meiningen aus Teilen der 90 042 und der Lok Nr. 44 der Frankfurt-Königsteiner Eisenbahn, wobei Letztere mehr als Ersatzteilspender diente.

Dampflok 89 6009 (Privatbahnlok der KHM)

Foto: Klaus

Technische Daten

Bauart	C n2
Betriebsgattung	G 33.10
Länge über Puffer	
(mit Tender 3 T 12)	14.368 mm
Höchstgeschwindigkeit v/r	40/40 km/h
Zylinderdurchmesser	350 mm
Kolbenhub	550 mm
Treib- und Kuppelraddurchmesser	1.100 mm
Kesselüberdruck	12 kp/cm^2
Rostfläche	1,35 m^2
Verdampfungsheizfläche	59,2 m^2
Dienstmasse (2/3 Vorräte)	30,3 t
Brennstoffvorrat	5 t
Wasserkasteninhalt	12 m^3
indizierte Leistung	280 PS$_i$
indizierte Zugkraft (0,8)	5,8 Mp

Eine Sonderrolle im Park der Museumslokomotiven nimmt die in Dresden-Altstadt betreute 89 6009 ein. Mit ihrem Schlepptender ist die preußische T 3 ein Unikat auf Schienen. Ihre Karriere begann die Lok bei der KPEV, die die T 3 am 23. Juni 1902 als »Berlin 1808« in Dienst stellte.

Die DRG übernahm den Dreikuppler als 89 7403. Ab 8. Juli 1925 gehörte die T 3 zum Bestand des Bw Leipzig Hbf West, das die Maschine hauptsächlich im Rangierdienst in Europas größtem Kopfbahnhof einsetzte. Die BR 80 machte die 89 7403 aber Anfang der 30er-Jahre überflüssig, so dass die DRG die T 3 am 11. Mai 1931 nach 1.076.613 km Laufleistung ausmusterte. Da die Maschine sich in einem sehr guten Zustand befand, erwarb die Kleinbahn Heudeber-Mattierzoll (KHM) den Dreikuppler, wo sie am 2. August 1931 als Nr. 2 in Betrieb genommen wurde. Hier blieb sie bis zur Übernahme der KHM durch die DR, wobei sie die neue Nr. 89 6009 erhielt. Zur Vergrößerung der Vorräte rüstete das Raw Blankenburg am 11. November 1953 die 89 6009 mit einem Schlepptender aus. Nach Einsätzen in den Bahnbetriebswerken Wriezen, Frankfurt (Oder) Pbf, Salzwedel, Oebisfelde und Eilsleben wurde sie 1969 ausgemustert und dem VM Dresden übergeben.

Baureihe 89⁶⁰ (Privatbahndampflok, Typ »Bismarck«)

Foto: Krantz, Slg.Endisch

Technische Daten

Bauart	C n2t
Betriebsgattung	Gt 33.10
Länge über Puffer	8.300 mm
Höchstgeschwindigkeit v/r	45/45 km/h
Zylinderdurchmesser	350 mm
Kolbenhub	500 mm
Treib- und Kuppelraddurchmesser	1.100 mm
Kesselüberdruck	12 kp/cm²
Rostfläche	1,05 m²
Verdampfungsheizfläche	47,85 m²
Dienstmasse (2/3 Vorräte)	29,0 t
Brennstoffvorrat	1,0 t
Wasserkasteninhalt	4,0 m³
indizierte Leistung	k. A.
indizierte Zugkraft (0,8)	k. A.

Für die Kleinbahnabteilung Merseburg der preußischen Provinz Sachsen, die ein etwa 500 km langes Streckennetz verwaltete, entwickelte die Firma Henschel & Sohn 1906 einen robusten Dreikuppler, der als Typ »Bismarck« bezeichnet wurde. Typisch für die nur 8.300 mm lange Nassdampflok waren der durchlaufenden Blechrahmen und die 1.100 mm großen Kuppelräder. Im Unterschied zur preußischen T 3 wurde beim Typ »Bismarck« der dritte Kuppelradsatz angetrieben. Außerdem besaßen die Loks eine Heusinger-Steuerung. Die Maschinen erwiesen sich als robust und wirtschaftlich. Bis 1927 kaufte allein die Kleinbahnabteilung Merseburg rund 20 Stück.

Henschel bot den Typ »Bismarck« auch anderen Werk-, Klein- und Privatbahnen an, wobei ab 1914 noch eine verstärkte Variante als »Bismarck II« lieferbar war. Wie viele Maschinen von beiden Typen gebaut wurden, lässt sich heute leider nicht mehr exakt klären.

Die DR in der DDR besaß 1950 insgesamt 22 Loks vom Typ »Bismarck«. Eine von ihnen, die 89 6024 war bis 1977 im Raw Görlitz im Einsatz. Heute gehört die betriebsfähige Lok dem DDM Neuenmarkt-Wirsberg.

Baureihe 89⁷⁰⁻⁷⁵ (Länderbahnlok, preußische T 3)

Foto: Krantz

Technische Daten

Bauart	C n2t
Betriebsgattung	Gt 33.12
Länge über Puffer	8.591 mm
Höchstgeschwindigkeit v/r	40/40 km/h
Zylinderdurchmesser	350 mm
Kolbenhub	550 mm
Treib- und Kuppelraddurchmesser	1.100 mm
Kesselüberdruck	12 kp/cm²
Rostfläche	1,35 m²
Verdampfungsheizfläche	59,2 m²
Dienstmasse (2/3 Vorräte)	33,6 t
Brennstoffvorrat	2,0 t
Wasserkasteninhalt	5,0 m³
indizierte Leistung	290 PSᵢ
indizierte Zugkraft (0,8)	5,88 Mp

Eine der bekanntesten deutschen Lokomotiven ist die preußische T 3. Vielen Eisenbahnfreunde gilt sie noch heute als Inbegriff der Kleinbahnlok. Für den Rangier- und Nebenbahndienst gab die Preußische Staatsbahn 1882 bei der Firma Henschel eine Cn2-Tenderlok in Auftrag, deren erstes Exemplar am 16. September 1882 an die KED Hannover ausgeliefert wurde. Die T 3 war ein voller Erfolg: Sie war robust, pflegeleicht und sparsam. In den folgenden Jahrzehnten beschafften zahlreiche Bahnverwaltungen die T 3 in verschiedenen Varianten. Die typischen Merkmale der T 3 – unsymmetrischer Achsstand, Allan-Trick-Steuerung, Antrieb der zweiten Kuppelachse, Rahmenwasserkasten und seitliche Kohlenbehälter – blieben aber fast immer erhalten. Rund 1.550 Exemplare der T 3 wurden gebaut, wovon allein 1.260 an die Preußische Staatsbahn gingen.

Immerhin 473 von ihnen übernahm die DRG noch 1925 in ihren Bestand. Bis 1931 schrumpfte er aber auf 254 Loks zusammen. Zahlreiche Maschinen fanden aber bei Werk-, Klein- und Privatbahnen eine neue Heimat. Während die DB 1961 ihre letzte T 3 ausmusterte, standen die letzten Dreikuppler bei der DR bis 1969 unter Dampf. Auch die SWEG setzte zu diesem Zeitpunkt noch eine T 3 in Wiesloch Stadt ein. Heute erinnern mehrere Denkmals- und Museumsmaschinen an eine der erfolgreichsten Tenderloks.

Foto: Endisch

Technische Daten

Bauart	1´C n2t
Betriebsgattung	Gt 34.14
Länge über Puffer	10.650 mm
Höchstgeschwindigkeit v/r	60/60 km/h
Zylinderdurchmesser	430 mm
Kolbenhub	630 mm
Treib- und Kuppelraddurchmesser	1.350 mm
Laufraddurchmesser v	1.000 mm
Kesselüberdruck	12 kp/cm²
Rostfläche	1,75 m²
Verdampfungsheizfläche	106,85 m²
Dienstmasse (2/3 Vorräte)	52,6 t
Brennstoffvorrat	2,0 t
Wasserkasteninhalt	5,75 m³
indizierte Leistung	460 PS$_i$
indizierte Zugkraft (0,8)	8,3 Mp

Die schlechten Laufeigenschaften der T 9^1 zwangen die Preußische Staatsbahn recht bald, eine neue Tenderlok für den Nebenbahndienst in Auftrag zu geben. Nur wenige Monate nach der Abnahme der ersten T 9^1 erhielt die Union-Gießerei Königsberg den Auftrag, eine 1´Cn2-Tenderlok zu entwickeln. Da die Leistungsanforderungen die selben waren, konnten die Königsberger Ingenieure wichtige technische Parameter, wie Zylinderdurchmesser, Kolbenhub und Steuerung von der T 9^1 übernehmen. Nur das Laufwerk wurde deutlich überarbeitet: Der Abstand zwischen der zweiten und dritten Kuppelachse wurde vergrößert und die vordere Laufachse als Adamsachse konstruiert. Da die als T 9^2 bezeichnete Type kürzer als ihr Vorgänger war, wurde der Kessel etwas verkürzt aber dafür der Durchmesser vergrößert. Dadurch konnte ein fast identische Heizfläche erreicht werden.

Zwar waren die Laufeigenschaften der T 9^2 deutlich besser, richtig überzeugen konnten sie aber noch nicht. So wurden nur 229 Maschinen in Dienst gestellt. Nur noch knapp die Hälfte reihte die DRG als BR 91$^{0-1}$ in ihren Bestand ein. Von der Braunschweigischen Landeseisenbahn übernahm die Reichsbahn 1938 noch einmal fünf Maschinen, von denen die 91 134 als Museumslok erhalten blieb.

Foto: Krantz

Technische Daten

Bauart	1´C n2t
Betriebsgattung	Gt 34.15
Länge über Puffer	10.700 mm
Höchstgeschwindigkeit v/r	65/65 km/h
Zylinderdurchmesser	450 mm
Kolbenhub	630 mm
Treib- und Kuppelraddurchmesser	1.350 mm
Laufraddurchmesser v	1.000 mm
Kesselüberdruck	12 kp/cm²
Rostfläche	1,53 m²
Verdampfungsheizfläche	104,3 m²
Dienstmasse (2/3 Vorräte)	56,9 t
Brennstoffvorrat	2 t
Wasserkasteninhalt	7 m³
indizierte Leistung	440 PS$_i$
indizierte Zugkraft (0,8)	9,07 Mp

Nach den ernüchternden Erfahrungen mit T 9¹ und T 9² beauftragte die Preußische Staatsbahn die Union-Gießerei Königsberg mit der Konstruktion einer völlig neuen 1´Cn2-Tenderlok für den Nebenbahndienst. Die erstmals 1900 gelieferte T 9³ hatte mit ihren Vorgängern nichts mehr gemeinsam. Die wichtigsten technischen Neuerungen waren das vordere Krauss-Helmholtz-Lenkgestell, die Heusinger-Steuerung, der größere Zylinderdurchmesser und der größere Kessel mit der frei über den Rändern liegenden Feuerbüchse.

Die T 9³ wurde ein großer Erfolg. Die Laufeigenschaften erfüllten die Erwartungen der KPEV. Auch in Sachen Leistung enttäuschte die T 9³ nicht. Dank des zwischen den Rahmenwangen liegenden Wasserkastens hatte die Lok mit 70 bis 100 km einen recht großen Aktionsradius. Der Erfolg der T 9³ schlug sich natürlich auch in den Stückzahlen nieder – über 2.000 Maschinen wurden gebaut. Die DRG reihte über 1.500 Exemplare als BR 91³⁻¹⁸ in ihren Fahrzeugpark ein. Die Letzten der unverwüstlichen Maschinen schieden erst in den 60er-Jahren aus. Die heute in Dresden-Friedrichstadt als Denkmal erhalten gebliebene 91 896 dampfte in den 70er-Jahren noch über die Hafenbahn in Torgau. Sie war die letzte betriebsfähige T 9³ in Deutschland.

Dampflok 91 6580 (Privatbahndampflok)

Foto: Klaus

Technische Daten

Bauart	1´C h2t
Betriebsgattung	Gt 34.15
Länge über Puffer	10.600 mm
Höchstgeschwindigkeit v/r	60/60 km/h
Zylinderdurchmesser	480 mm
Kolbenhub	550 mm
Treib- und Kuppelraddurchmesser	1.200 mm
Laufraddurchmesser v	800 mm
Kesselüberdruck	14 kp/cm²
Rostfläche	1,81 m²
Verdampfungsheizfläche	96,3 m²
Dienstmasse (2/3 Vorräte)	56,5 t
Brennstoffvorrat	2,0 t
Wasserkasteninhalt	6,0 m³
indizierte Leistung	k. A.
indizierte Zugkraft (0,8)	k. A.

Für Einsatz auf der Strecke Ilmenau–Großbreitenbach gab die Süddeutsche Eisenbahngesellschaft (SEG) bei der Firma Henschel eine zugstarke, 60 km/h schnelle 1´Ch2-Tenderlok in Auftrag. Um Kosten zu sparen, nutzten die Kassler Ingenieure für den SEG-Auftrag Bauteile der Einheitslokomotiven (Führerhaus, Kessel der BR 81) und des ELNA-Programms (Teile des Triebwerks). 1938 lieferte Henschel die gewünschte Maschine ab, die die SEG umgehend ausgiebigen Probefahrten unterzog. Die bullige Tenderlok enttäuschte nicht. Vor allem ihre Zugkraft auf steigungsreichen Strecken überzeugte. Die moderne Maschine besaß einen genieteten Blechrahmen, einen Oberflächenvorwärmer und einen unter einer gemeinsamen Verkleidung liegenden Dampfdom und Sandkasten. Die SEG gab der Lok die Betriebs-Nr. 400.

Bei der Übernahme der Ilmenau-Großbreitenbacher Eisenbahn durch die DR wurde die Maschine als 91 6580 bezeichnet. Bis 1955 war sie auf ihrer Stammstrecke im Einsatz, bevor sie nach Mühlhausen umgesetzt wurde. 1969 erwarb die Erfurt Industriebahn die 91 6580, wo sie bis 1977 als Nr. 4 im Einsatz stand. Engagierte Eisenbahnfreunde retteten die Maschine vor dem Schneidbrenner. 1990 arbeitete das Raw Meiningen die 91 6580 wieder betriebsfähig auf, heute steht sie kalt in Arnstadt.

Baureihe 92⁰ (Länderbahnlok, württembergische T 6)

Technische Daten

Bauart	D h2t
Betriebsgattung	Gt 44.15
Länge über Puffer	10.600 mm
Höchstgeschwindigkeit v/r	50/50 km/h
Zylinderdurchmesser	500 mm
Kolbenhub	560 mm
Treib- und Kuppelraddurchmesser	1.150 mm
Kesselüberdruck	13 kp/cm²
Rostfläche	1,5 m²
Verdampfungsheizfläche	71,4 m²
Dienstmasse (2/3 Vorräte)	60,0 t
Brennstoffvorrat	3,5 t
Wasserkasteninhalt	8,0 m³
indizierte Leistung	500 PS$_i$
indizierte Zugkraft (0,8)	12,6 Mp

Für den schweren Rangierdienst im Güterbahnhof Kornwestheim benötigte die Württembergische Staatsbahn eine starke Tenderlokomotive. Bei der Entwicklung der neuen Maschine orientierte sich die Maschinenfabrik Esslingen (ME) zwar an der 1909 erstmals gelieferten T 4, modifizierte sie aber in wichtigen Punkten. So war die neue T 6 von Anfang an als Heißdampfmaschine konzipiert. Sie erhielt deutlich kleinere Räder für eine bessere Zugkraft. Zwischen 1916 und 1917 lieferte die ME die ersten sechs Maschinen ab. Ein Jahr später folgten noch einmal sechs T 6. Da eine Lok als Reparation an Frankreich abgegeben werden musste, übernahm die DRG 1925 nur noch elf T 6.

Bis 1950 musterte die DRG bzw. die Bundesbahn alle T 6 aus. Die Süddeutsche Eisenbahngesellschaft übernahm die 92 003 und 92 011 und reihte sie als Nr. 391 und 394 in ihren Bestand ein. Während die 92 003 bereits 1959 den Dienst quittieren musste, war die 92 011 bis 1974 im Einsatz. Die Firma Mack & Thiermann erwarb anschließend die Lokomotive, die heute im Europapark Rust als Denkmal steht.

Baureihe 92² (Länderbahnlok, badische X b¹⁻⁷)

Technische Daten

Bauart	D n2t
Betriebsgattung	Gt 44.16
Länge über Puffer	10.694 mm
Höchstgeschwindigkeit v/r	45/45 km/h
Zylinderdurchmesser	480 mm
Kolbenhub	630 mm
Treib- und Kuppelraddurchmesser	1.262 mm
Kesselüberdruck	13 kp/cm²
Rostfläche	1,79 m²
Verdampfungsheizfläche	108,48 m²
Dienstmasse (2/3 Vorräte)	54,8 t
Brennstoffvorrat	3,0 t
Wasserkasteninhalt	7,0 m³
indizierte Leistung	500 PS$_i$
indizierte Zugkraft (0,8)	11,9 Mp

Anfang des 20. Jahrhunderts benötigte die Großherzoglich Badische Staatsbahn für den Bahnhofsverschub eine neue Tenderlokomotive. Als erste Länderbahn beauftragte sie die Maschinenbau-Gesellschaft Karlsruhe (MBG) mit der Entwicklung einer Dn2-Tenderlok für den Rangierdienst. Die ersten 1907 gelieferten Maschinen der Reihe X b fielen durch zahlreiche Merkmale auf.

Mit einer Höhe über Schienenoberkante von 2.700 mm lag der Kessel der X b recht hoch. Der zwischen den Rahmenwangen hängende Wasserkasten gab der Lok einen tiefen Schwerpunkt. Ungewöhnlich waren auch die Kolbenschieber für eine Nassdampfmaschine. Die X b erwies sich als zugstarke und robuste Rangierlok, von der in sieben Baulosen 98 Exemplare gefertigt wurden. Davon übernahm die DRG als 92²⁻³. Sie blieben in erster Linie ihrer badischen Heimat treu. Die Bundesbahn hielt 1953 noch 74 X b vor. Als letzte musterte 1966 das Bw Radolfzell die 92 319 aus. Im Technikmuseum Säckingen steht heute eine der als Reparationsleistungen abgegebenen X b.

Dampflok 92 442 (Privatbahnlok)

Foto: Krantz

Technische Daten

Bauart	D h2t
Betriebsgattung	Gt 44.13
Länge über Puffer	10.000 mm
Höchstgeschwindigkeit v/r	40/40 km/h
Zylinderdurchmesser	480 mm
Kolbenhub	500 mm
Treib- und Kuppelraddurchmesser	1.000 mm
Kesselüberdruck	13 kp/cm²
Rostfläche	1,65 m²
Verdampfungsheizfläche	75,8 m²
Dienstmasse (2/3 Vorräte)	50,65 t
Brennstoffvorrat	1,4 t
Wasserkasteninhalt	6,00 m³

Die Kreis Oldenburger Eisenbahn (KOE) beauftragte die AEG Ende 1926 mit der Entwicklung einer vierfachgekuppelten Tenderlok, die bei einer Achslast von 12 Tonnen auf der 1 : 100-Steigung einen 420 Tonnen schweren Zug mit 20 km/h anstandslos befördern sollte. Bei der Konstruktion griffen die in Hennigsdorf ansässigen AEG-Ingenieure auf ihr eigenes Typenprogramm für Klein- und Privatbahnen zurück und erweiterten es um eine neue Bauart.

Die Heißdampflok wurde im September 1927 ausgeliefert und umgehend erprobt. Dabei erreichte sie Geschwindigkeiten bis zu 53 km/h. Als höchste Zuglast wurde bin der 1 : 100-Steigung eine Zuglast von 575 Tonnen bei 23 km/h ermittelt. Die KOE war sehr zufrieden und bestellte ein zweite Lok, die Ende 1928 geliefert wurde. Die beiden Vierkuppler trugen bei der KOE die Nummern 10 und 11.

Bei der Übernahme der KOE durch das Deutsche Reich am 1. August 1941 reihte die Reichsbahn die beiden Maschinen als 92 441 und 92 442 in ihren Bestand ein. Die 92 442 verblieb nach 1945 in den westlichen Besatzungszonen und wurde, da sie ein Einzelgänger war, am 10. April 1949 an die Hohenzollerische Landesbahn (HzL) verkauft. Die als Nr. 16 bezeichnete Lok war bei den Personalen aufgrund ihrer Sparsamkeit und hohen Zugkraft sehr beliebt. Erst 1970 stellte die HzL die Lok ab.

Baureihe 92⁵⁻¹⁰ (Länderbahnlok, preußische T 13)

Foto: Endisch

Technische Daten

Bauart	D n2t
Betriebsgattung	Gt 44.15
Länge über Puffer	11.100 mm
Höchstgeschwindigkeit v/r	45/45 km/h
Zylinderdurchmesser	500 mm
Kolbenhub	600 mm
Treib- und Kuppelraddurchmesser	1.250 mm
Kesselüberdruck	12 kp/cm²
Rostfläche	1,70 m²
Verdampfungsheizfläche	113,2 m²
Dienstmasse (2/3 Vorräte)	56,7 t
Brennstoffvorrat	2,5 t
Wasserkasteninhalt	7,0 m³
indizierte Leistung	500 PS$_i$
indizierte Zugkraft (0,8)	11,52 Mp

Im Herbst 1907 stand bei der Preußischen Staatsbahn die Beschaffung einer vierfachgekuppelten Tenderlok für den Nebenbahnen dienst zur Debatte. Die Mitglieder des Lokausschusses waren sich aber lange Zeit nicht einig, ob die Maschine ein Nassdampf- oder Heißdampftriebwerk besitzen sollte. Das zuständige Eisenbahn-Zentralamt jedoch entschied sich für den Entwurf einer Nassdampflok der Union-Gießerei Königsberg, die 1910 die ersten Maschinen der neuen Gattung T 13 lieferte.

Charakteristisch für die Maschine war der tiefliegende Kessel und der unsymmetrische Achsstand mit der extrem kurzen Treibstange, die auf die zweite Kuppelachse wirkte. Die T 13 geizte nicht mit Leistung: In der Ebene vermochte sie mit 45 km/h anstandslos einen 720 Tonnen schweren Zug zu ziehen. Damit war die T 13 auch für den Rangierdienst geeignet. Neben der Preußischen Staatsbahn beschafften auch die Oldenburgische Staatsbahn und die Eisenbahnen in Elsass-Lothringen und dem Saargebiet die T 13.

Auch nach dem Zweiten Weltkrieg konnten weder DB noch DR auf die T 13 verzichten. Die robusten Vierkuppler standen in der Bundesrepublik bis 1965 im Einsatz. Die DR stellte 1969 ihre letzte T 13 ab. Bei der Erfurter Industriebahn stand in den 70er-Jahren noch die heutige Museumslok 92 638 unter Dampf.

Reihe 93 (ÖBB)

Foto: Slg. Krantz

Technische Daten

Bauart	1´D1´h2t
Betriebsgattung	Gt 46.11
Länge über Puffer	11.960 mm
Höchstgeschwindigkeit v/r	60/60 km/h
Zylinderdurchmesser	450 mm
Kolbenhub	570 mm
Treib- und Kuppelraddurchmesser	1.140 mm
Laufraddurchmesser v/h	870/870 mm
Kesselüberdruck	14 kp/cm²
Rostfläche	2,0 m²
Verdampfungsheizfläche	109 m²
Dienstmasse (2/3 Vorräte)	66 t
Brennstoffvorrat	3,0 t
Wasserkasteninhalt	10,0 m³
indizierte Leistung	785 PS$_i$

Für den Einsatz auf Nebenstrecken benötigten die Österreichischen Bundesbahnen (BBÖ) Anfang der 20er-Jahren eine schnelle und leistungsfähige Tenderlok. Aufgrund des schwachen Oberbaues durfte ihre Achslast 11 Tonnen nicht überschreiten. Die Entwicklung der als Reihe 378 geplanten Maschine übernahm 1925 die Wiener Lokomotivfabrik Floridsdorf (WLF). Die 1´D1´h2-Maschinen erhielten, wie bei den BBÖ üblich, eine Lentz-Ventilsteuerung mit Zwischenhebeln. Die beiden Laufachen waren als Adamsachsen konzipiert. Die zunächst eingebauten Vollscheibenrädern der Kuppelachsen wurden erst im letzten Baulos durch Speichenradsätze ersetzt.

Da die BBÖ dringend die neuen Maschinen benötigte, verzichtete sie auf die Erprobung eines Baumusters und stellte bereits ab 1925 die ersten Serienmaschinen in Dienst. Bis 1931 beschafften die BBÖ 167 Lokomotiven der Reihe 378, die hauptsächlich in Ober- und Niederösterreich, in der Steiermark und in Kärnten im Einsatz waren. Die Deutsche Reichsbahn übernahm die Loks 1938 als BR 93[13–14]. Nach 1945 verblieben 124 Maschinen der nunmehrigen Reihe 93 in Österreich. Nach dem Ende des Dampflokzeit 1976 wurden noch einige 93er bis 1982 als Reserve vorgehalten. In Deutschland werden vier Loks museal betreut.

Baureihe 93⁰⁻⁴ (Länderbahnlok, preußische T 14)

Technische Daten

Bauart	1´D1´h2t
Betriebsgattung	Gt 46.16
Länge über Puffer	13.800 mm
Höchstgeschwindigkeit v/r	65/65 km/h
Zylinderdurchmesser	600 mm
Kolbenhub	660 mm
Treib- und Kuppelraddurchmesser	1.350 mm
Laufraddurchmesser v/h	1.000/1.000 mm
Kesselüberdruck	12 kp/cm²
Rostfläche	2,49 m²
Verdampfungsheizfläche	126,42 m²
Dienstmasse (2/3 Vorräte)	92,6 t
Brennstoffvorrat	4,0 t
Wasserkasteninhalt	11 m³
indizierte Leistung	1.000 PS$_i$
indizierte Zugkraft (0,8)	16,9 Mp

Für den Nah- und Vorortverkehr in Ballungsgebieten und schweren Nahgüterzugdienst im Flachland benötigte die Preußische Staatsbahn 1912 eine neue leistungsfähige Tenderlokomotive. Die mit der Entwicklung beauftragte Union-Gießerei Königsberg lieferte 1914 das erste Exemplar der neuen Gattung T 14 aus. Zwar erwies sich die 1´D1´h2-Maschine als leistungsstark, doch ihre Konstruktion hatte einige grundlegende Mängel: Beim Befahren von Ablaufbergen hoben sich die als Adamsachsen konstruierten Laufachsen ab. Außerdem war die Massenverteilung sehr schlecht, was wiederum zu unbefriedigenden Laufeigenschaften führte. Außerdem waren zahlreiche Teile der T 14 nur sehr schwer zugänglich. Trotzdem beschaffte die Preußische Staatsbahn bis 1918 insgesamt 547 Exemplare der T 14, da die Maschinen dringend benötigt wurden.

Durch Abgaben an die Siegermächte des Ersten Weltkrieges schrumpfte der Bestand bis 1925 auf 406 Maschinen, die die DRG als BR 93⁰⁻⁴ übernahm. Mit zahlreichen Bauartänderungen machte die DRG die Vierkuppler für den Betriebsdienst tauglich.

Nach dem Zweiten Weltkrieg verblieben 144 Loks in der Bundesrepublik und 159 Maschinen in der DDR. Während im Westen 1957 die letzten beiden T 14 ausgemustert wurden, schied die letzte DR-T 14 erst bis 1972 aus.

Baureihe 93⁵⁻¹² (Länderbahnlok, preußische T 14¹)

Technische Daten

Bauart	1´D1´h2t
Betriebsgattung	Gt 46.17
Länge über Puffer	14.500 mm
Höchstgeschwindigkeit v/r	70/70 km/h
Zylinderdurchmesser	600 mm
Kolbenhub	660 mm
Treib- und Kuppelraddurchmesser	1.350 mm
Laufraddurchmesser v/h	1.000/1.000 mm
Kesselüberdruck	12 kp/cm²
Rostfläche	2,49 m²
Verdampfungsheizfläche	126,62 m²
Dienstmasse (2/3 Vorräte)	97,8 t
Brennstoffvorrat	4,5 t
Wasserkasteninhalt	14 m³
indizierte Leistung	1.000 PS$_i$
indizierte Zugkraft (0,8)	16,9 Mp

Eine Weiterentwicklung der T 14 ist die 1919 erstmals geliefterte T 14¹. Eigentlich sollten bei ihr die grundlegenden Mängel der T 14 beseitigt werden, doch dies blieb ein Wunsch. Trotz der veränderten Vorräte blieb der Massenausgleich mangelhaft. Auch die Laufeigenschaften konnten nicht grundlegend verbessert werden. Lediglich die Probleme mit den Laufachsen konnten gelöst und die Zugänglichkeit einiger Teile verbessert werden. Trotzdem erwies sich die T 14¹ als eine robuste, zuverlässige und zugstarke Maschine. Mit 65 km/h konnte sie in der Ebene einen 820 Tonnen schweren Zug befördern. Die Personale wussten an den Maschinen die geräumigen Führerhäuser und die gute Verdampfungsleistung des Kessels zu schätzen. Vor Nahgüter- und Personenzügen und im Rangierdienst fand die als BR 93⁵⁻¹² bezeichneten T 14¹ Verwendung.

Nach dem Zweiten Weltkrieg führte die DB noch 444 Maschinen in ihren Listen: Die DR in der DDR hingegen nur 172, von denen die letzten 1972 ausgemustert wurden. Die Bundesbahn stellte bereits 1969 ihre letzten T 14¹ ab.

Baureihe 94⁰ (Länderbahnlok, pfälzische T 5)

Technische Daten

Bauart	E n2t
Betriebsgattung	Gt 55.14
Länge über Puffer	12.020 mm
Höchstgeschwindigkeit v/r	45/45 km/h
Zylinderdurchmesser	560 mm
Kolbenhub	560 mm
Treib- und Kuppelraddurchmesser	1.180 mm
Kesselüberdruck	12 kp/cm²
Rostfläche	2,73 m²
Verdampfungsheizfläche	169,0 m²
Dienstmasse (2/3 Vorräte)	72 t
Brennstoffvorrat	2,5 t
Wasserkasteninhalt	6,0 m³
indizierte Leistung	k. A.
indizierte Zugkraft (0,8)	k. A.

Für den Einsatz vor schweren Kohlezügen auf der Strecke Biebermühle–Pirmasens benötigte die Pfalzbahn Anfang des 20. Jahrhunderts eine fünffachgekuppelte Tenderlokomotive. Für dieses spezielle Einsatzgebiet lieferte die Lokomotivfabrik Krauss 1907 vier Tenderloks, die die Pfalzbahn als T 5 mit den Betriebsnummern 5578–5581 in ihren Bestand einreihte.

Die Nassdampfmaschinen besaßen einen massiven Blechrahmen, zwischen dessen Wangen der Wasserkasten ruhte. Die lange Treibstange wirkte auf die vierte Kuppelachse. Der genietete Kessel bestand aus zwei Kesselschüssen.

Leistungsmäßig waren die eigenwilligen Maschinen den sächsischen und preußischen Fünfkupplern deutlich unterlegen. Die DRG übernahm die vier T 5 zwar noch, musterte sie aber recht schnell aus. Die 94 002 erwarb die Zeche Alexander, die die T 5 als Nr. 307 bis 1974 als Werklok einsetzte. Anschließend kaufte die DGEG die Lok, die heute im Eisenbahnmuseum Neustadt (Weinstr.) steht.

Baureihe 94²⁻⁴ (Länderbahnlok, preußische T 16)

Foto: Slg. Endisch

Technische Daten

Bauart	E h2t
Betriebsgattung	Gt 55.15
Länge über Puffer	12.660 mm
Höchstgeschwindigkeit v/r	40/40 km/h
Zylinderdurchmesser	610 mm
Kolbenhub	660 mm
Treib- und Kuppelraddurchmesser	1.350 mm
Kesselüberdruck	12 kp/cm²
Rostfläche	2,28 m²
Verdampfungsheizfläche	134,4 m²
Dienstmasse (2/3 Vorräte)	72,6 t
Brennstoffvorrat	2,2 t
Wasserkasteninhalt	7 m³
indizierte Leistung	1.070 PS$_i$
indizierte Zugkraft (0,8)	17,46 Mp

Für den Rangierdienst und für den Einsatz auf steigungsreichen Nebenstrecken benötigte die Preußische Staatsbahn Anfang des 20. Jahrhunderts eine neue Tenderlok. Um auch zukünftigen Anforderungen gewachsen zu sein, entschied sich die Preußische Staatsbahn für ein Eh2-Tenderlok, deren erstes Exemplar 1905 die BMAG ablieferte. Die T 16 besaß ein Laufwerk nach Gölsdorfschem Vorbild. Die erste, dritte und fünfte Kuppelachse konnten jeweils um 26 mm verschoben werden. Typisch für die T 16 waren die lange Kolben- und Treibstange, die auf die vierte Kuppelachse wirkten. Die Probefahrten verliefen zur vollsten Zufriedenheit.

Insgesamt 343 Maschinen stellte die Preußische Staatsbahn in Dienst, wobei bei den ab 1909 gelieferten Maschinen die dritte Achse als Treibrad fungierte. Die DRG übernahm noch 265 Loks als BR 94²⁻⁴. Der Rangierdienst blieb das Hauptbetätigungsfeld der T 16. Die DB musterte 1955 die letzten von ihnen aus. Bei der DR in der DDR stand die T 16 bis 1968 unter Dampf. Die 94 249 blieb als Museumslok in Heiligenstadt erhalten.

Baureihe 94⁵⁻¹⁷ (Länderbahnlok, preußische T 16¹)

Foto: Reiners

Technische Daten

Bauart	E h2t
Betriebsgattung	Gt 55.17
Länge über Puffer	12.660 mm
Höchstgeschwindigkeit v/r	40/40 km/h
Zylinderdurchmesser	610 mm
Kolbenhub	660 mm
Treib- und Kuppelraddurchmesser	1.350 mm
Kesselüberdruck	12 kp/cm²
Rostfläche	2,30 m²
Verdampfungsheizfläche	127,0 m²
Dienstmasse (2/3 Vorräte)	81,2 t
Brennstoffvorrat	3,0 t
Wasserkasteninhalt	8 m³
indizierte Leistung	1.070 PS$_i$
indizierte Zugkraft (0,8)	17,46 Mp

Nichts anderes als eine Weiterentwicklung der T 16 stellt die T 16¹ dar. Die ersten modifizierten T 16¹ lieferte die BMAG 1916 aus. Wichtigste Neuerungen waren die veränderten Wasserkästen, der Oberflächenvorwärmer der Bauart Knorr mit Kolbenspeisepumpe und der zweite Sandkasten. Durch diese und weitere Änderungen nahm die Reibungsmasse um rund zehn Tonnen zu. Ab 1921 erhielten die Maschinen außerdem einen Speisedom.

Durch Veränderungen am Laufwerk konnte bei einigen Maschinen die Höchstgeschwindigkeit auf 60 km/h angehoben werden. Die T 16¹ kam aber nicht nur im Rangierdienst auf Nebenbahnen zum Einsatz. Einige Maschinen ließ die DRG mit Riggenbachschen Gegendruckbremse ausrüsten und setzte sie dann im Steilstreckenbetrieb ein, wo sie die bis dahin eingesetzten Zahnradmaschinen ablösten.

Nach 1945 verblieben rund 670 Maschinen bei der DB und rund 240 bei der DR. Anfang der 70er-Jahre schieden die Letzten von ihnen aus. Weithin bekannt wurde dabei die Strecke Suhl–Schleusingen, wo sich die letzten T 16¹ der DR bis 1974 im harten Steilstreckenbetrieb mühten. Acht Fünfkuppler blieben erhalten. Von den beiden mit Gegendruckbremsen ausgerüsteten Steilstrecken-Maschinen 94 1292 und 94 1538 ist derzeit nur letztere betriebsfähig.

Foto: Endisch

Technische Daten

Bauart	E h2t
Betriebsgattung	Gt 55.16
Länge über Puffer	12.610 mm
Höchstgeschwindigkeit v/r	45/45 km/h
Zylinderdurchmesser	620 mm
Kolbenhub	630 mm
Treib- und Kuppelraddurchmesser	1.260 mm
Kesselüberdruck	12 kp/cm²
Rostfläche	2,30 m²
Verdampfungsheizfläche	138,46 m²
Dienstmasse (2/3 Vorräte)	75,8 t
Brennstoffvorrat	2,2 t
Wasserkasteninhalt	8,5
indizierte Leistung	980 PS$_i$
indizierte Zugkraft (0,8)	18,4 Mp

Für den Rangierdienst auf ihren großen Verschiebebahnhöfen benötigten die Königlich Sächsischen Staatseisenbahnen (K.Sächs.Sts.E.) Anfang des 20. Jahrhunderts einen zugstarken Fünfkuppler. Sie beauftragten deshalb 1907 die SMF in Chemnitz mit der Entwicklung der gewünschten Lok. Bereits ein Jahr später konnten die K.Sächs.Sts.E. die ersten 18 Maschinen der Gattung XI HT abnehmen. Die Heißdampfmaschinen besaßen einen 28 mm starken Blechrahmen, einen genieteten Kessel und den für Sachsen typischen Belpaire-Stehkessel. Der große Sandkasten, der kugelige Dampfdom und die später verwendeten, nach vorn abgeschrägten Wasserkästen gaben den bulligen Loks ein markantes Aussehen. Ihre Leistung konnte sich sehen lassen: In der Ebene konnten sie einen 1.630 Tonnen schweren Zug mit 45 km/h befördern.

Die SMF lieferte insgesamt 163 XI HT, von denen einige 1918 an Frankreich abgegeben werden mussten. Die DRG übernahm 1925 noch 147 Exemplare, die in ihrer sächsischen Heimat verblieben. Nach dem Zweiten Weltkrieg standen der DR noch rund 135 Loks zur Verfügung. Neben dem Einsatz im Verschub und auf Nebenbahnen waren einige mit einer Riggenbach-Gegendruckbremse ausgerüsteten XI HT auch auf der Steilstrecke Eibenstock im Einsatz. Erst 1976 wurde hier die letzte XI HT abgestellt.

Baureihe 95 (Länderbahnlok, preußische T 20)

Foto: Reiners

Technische Daten

Bauart	1´E1´h2t
Betriebsgattung	Gt 57.19
Länge über Puffer	15.100 mm
Höchstgeschwindigkeit v/r	65/65 km/h
Zylinderdurchmesser	700 mm
Kolbenhub	660 mm
Treib- und Kuppelraddurchmesser	1.400 mm
Laufraddurchmesser v/h	850/850 mm
Kesselüberdruck	14 kp/cm²
Rostfläche	4,36 m²
Verdampfungsheizfläche	198,8 m²
Dienstmasse (2/3 Vorräte)	122,1 t
Brennstoffvorrat	4,0 t
Wasserkasteninhalt	12 m³
indizierte Leistung	1.620 PS_i
indizierte Zugkraft (0,8)	25,87 Mp

Ermutigt von den Erfolgen der Halberstadt-Blankenburger Eisenbahn (HBE) mit ihren TIERKLASSE-Maschinen (siehe BR 95[66]) gab auch die Preußische Staatsbahn bei Borsig eine schwere 1´E 1´h2-Tenderlok für den Einsatz im Mittelgebirge in Auftrag. Die als T 20 bezeichneten Maschinen übertrafen ihre Vorbilder deutlich. Die T 20 markiert mit ihrem großzügig dimensionierten Triebwerk, dem Barrenrahmen, ihrer gelungenen Optik und dem Belpaire-Stehkessel den Abschluss der Entwicklung der preußischen Tenderlok.

Die 45 gebauten Maschinen bildeten das Rückgrat im schweren Zugdienst auf den Steilstrecken des Thüringer Waldes und des Frankenwaldes sowie auf der Geislinger Steige und der Schiefen Ebene.

Die DB übernahm noch 14 T 20, die aber bis 1958 ausgemustert wurden. Die DR hingegen konnte auf die 95er nicht verzichten und rüstete mehrere Maschinen mit geschweißten Ersatzkesseln ohne Speisedom aus. 24 Loks erhielten eine Ölhauptfeuerung. Diese Loks waren im Bw Probstzella stationiert und wickelten den Reise- und Güterverkehr auf den Strecken nach Saalfeld, Sonneberg und Eisfeld ab. Erst 1981 wurden die letzten T 20 abgestellt. Fünf von ihnen blieben Museal erhalten. Davon besitzen drei einen Ersatzkessel (95 009, 95 016, 95 020) und zwei eine Kohlefeuerung (95 016, 95 027).

Baureihe 95⁶⁶ (Privatbahnlok der HBE)

Foto: Endisch

Technische Daten

Bauart	1´E1´h2t
Betriebsgattung	Gt 57.16
Länge über Puffer	12.450 mm
Höchstgeschwindigkeit v/r	50/50 km/h
Zylinderdurchmesser	700 mm
Kolbenhub	550 mm
Treib- und Kuppelraddurchmesser	1.100 mm
Laufraddurchmesser v/h	850/850 mm
Kesselüberdruck	14 kp/cm²
Rostfläche	3,96 m²
Verdampfungsheizfläche	180,86 m²
Dienstmasse (2/3 Vorräte)	98,8 t
Brennstoffvorrat	3,0 t
Wasserkasteninhalt	8 m³
indizierte Leistung	k. A.
indizierte Zugkraft (0,8)	k. A.

Während des Ersten Weltkrieges erreichte der Zahnradbetrieb auf der Steilstrecke Blankenburg–Rübeland–Tanne der Halberstadt-Blankenburger Eisenbahn (HBE) die Grenze seiner Leistungsfähigkeit. Eine deutliche Entspannung der Lage war nur mit der Ablösung des teuren und zeitintensiven Zahnradbetriebes durch den reinen Reibungsbetrieb möglich. Doch auf Steilstrecken bis 60 Promille fehlten dazu Erfahrungen. Nach gründlichen Vorüberlegungen und einigen Versuchen mit reinen Reibungsmaschinen auf der Steilstrecke beauftragte der Direktor der HBE, Otto Steinhoff, die Firma Borsig mit der Konstruktion einer neuartigen schweren 1´E1´h2-Tenderlok. Durch den Ersten Weltkrieg verzögerte sich die Fertigstellung der ersten beiden Maschinen bis 1920.

Als die MAMMUT schließlich im Harz eintraf, sorgte sie für Aufsehen in der Fachwelt, konnte doch mit ihr der Zahnradbetrieb aufgegeben werden. Damit hatte die HBE Eisenbahngeschichte geschrieben. Bis 1921 stellte die HBE drei weitere 1´E1´h2-Loks in Dienst, die als TIERKLASSE bekannt wurden.

Bei der Übernahme der HBE durch die DR wurden die vier Kraftpakete als BR 99⁶⁶ übernommen. Mit der Elektrifizierung der Rübelandbahn hatten die Maschinen 1966 ausgedient. Die 95 6676 blieb erhalten und steht heute in Rübeland.

Foto: Krantz, Slg. Endisch

Technische Daten

Bauart	E h2(4v)
Betriebsgattung	Z 55.15
Länge über Puffer	11.870 mm
Höchstgeschwindigkeit v/r	50/50[1] km/h
Zylinderdurchmesser (Adhäs./Zahnrad)	560/560 mm
Kolbenhub (Adhäs./Zahnrad)	560/560 mm
Treib- und Kuppelraddurchmesser	1.150 mm
Kesselüberdruck	14 kp/cm²
Rostfläche	2,5 m²
Verdampfungsheizfläche	117,1 m²
Dienstmasse (2/3 Vorräte)	71,6 t
Brennstoffvorrat	3,0 t
Wasserkasteninhalt	7,0 m³
indizierte Leistung	830[2] PS_i
indizierte Zugkraft (0,8)	17,2[3] Mp

Anmerkungen
[1] bei Zahnradbetrieb: 10/10 km/h
[2] bei Verbundbetrieb mit Zahnradtriebwerk: 850 PSi
[3] bei Verbundbetrieb mit Zahnradtriebwerk: 8,6 Mp

Als einzige deutsche Zahnrad-Dampflokomotive blieb die BR 97⁵ erhalten. Die Direktion der Württembergischen Staatsbahn entwickelte gemeinsam mit der Maschinenfabrik Esslingen (ME) ab 1921 eine neue fünffachgekuppelte Zahnradmaschine für die Strecke Honau–Lichtenstein, wo die bisher eingesetzten Loks der Klasse Fc den gestiegenen Anforderungen nicht mehr gewachsen waren.

Da die Maschinen einen 100 Tonnen schweren Zug mit 10 km/h im Zahnstangenabschnitt befördern sollte, erhielt die BR 97⁵ nur ein Treibzahnrad. 1923 lieferte die ME die ersten beiden Maschinen. Das Leistungsprogramm erfüllten die Loks spielend. Bei Messfahrten wurde sogar eine Mehrleistung von 10 % ermittelt. Damit war die 97⁵ die stärkste für deutsche Zahnradbahnen gebaute Lokomotive. 1925 baute die ME noch einmal zwei Loks.

Die vier Maschinen waren immer auf der Strecke Honau–Lichtenstein im Einsatz. Bis 1931 unterstanden sie dem Bw Tübingen, danach gehörten sie bis 1946 zum Bw Reutlingen. Anschließend war wieder Tübingen für die 97⁵ zuständig. Die drei 1954 bei der ME Instand gesetzten 97 501, 97 502 und 97 504 wurden 1962 ausgemustert, blieben aber alle erhalten. Die 97 501 wird derzeit in Reutlingen betriebsfähig aufgearbeitet. Die 97 502 und 97 504 können in Eisenbahnmuseen bestaunt werden.

Baureihe 98⁰ (Länderbahnlok, sächsische I TV)

Foto: Endisch

Technische Daten

Bauart	B´B´n4vt
Betriebsgattung	L 44.15
Länge über Puffer	11.624 mm
Höchstgeschwindigkeit v/r	50/50 km/h
Zylinderdurchmesser	360/570 mm
Kolbenhub	630 mm
Treib- und Kuppelraddurchmesser	1.260 mm
Kesselüberdruck	13 kp/cm²
Rostfläche	1,6 m²
Verdampfungsheizfläche	97,98 m²
Dienstmasse (2/3 Vorräte)	58,1 t
Brennstoffvorrat	2,2 t
Wasserkasteninhalt	5,0 m³
indizierte Leistung	k. A.
indizierte Zugkraft (0,8)	k. A.

Für den Einsatz auf ihren steigungs- und kurvenreichen Strecken im Erzgebirge waren die Königlich Sächsischen Staatseisenbahnen (K.Sächs.Sts.E.) immer auf der Suche nach leistungsstarken Maschinen. Anfang des 20. Jahrhunderts waren die auf der »Windbergbahn« von Freital nach Possendorf eingesetzten Maschinen vor den Reise- und Güterzügen hoffnungslos überfordert. Nach den guten Erfahrungen mit den beweglichen Triebwerken der Bauart Meyer bei der IV K gaben die K.Sächs.Sts.E. auch für die Windbergbahn eine solche, allerdings regelspurige Lok bei der SMF in Auftrag.

Die ersten zehn Maschinen der Gattung I TV wurden 1910 gebaut. Die beiden beweglichen Triebwerke besaßen Innenrahmen. Das vordere Triebwerk wurde von den Hochdruck-Zylindern, das hintere von den Niederdruck-Zylindern angetrieben. Die 50 km/h schnellen Maschinen konnten in der Ebene einen 420 Tonnen schweren Zug befördern. Insgesamt stelle die K.Sächs.Sts.E. 18 dieser Maschinen in Dienst. Sie bewährten sich recht gut. Lediglich die flexiblen Leitungen sorgten für einen erhöhten Erhaltungsaufwand. Die DRG reihte noch 15 Loks als BR 98⁰ in ihren Bestand ein. Die Letzten von ihnen standen bis 1966 auf der Windbergbahn im Einsatz. Als eine der letzten schied die 98 001 aus, die für das VM Dresden erhalten blieb.

Baureihe 98¹ (Länderbahnlok, oldenburgische T 3)

Technische Daten

Bauart	B n2t
Betriebsgattung	L 22.14
Länge über Puffer	8.089 mm
Höchstgeschwindigkeit v/r	50/50 km/h
Zylinderdurchmesser	324 mm
Kolbenhub	550 mm
Treib- und Kuppelraddurchmesser	1.100 mm
Kesselüberdruck	12 kp/cm²
Rostfläche	1,01 m²
Verdampfungsheizfläche	57,2 m²
Dienstmasse (2/3 Vorräte)	28,0 t
Brennstoffvorrat	0,85 t
Wasserkasteninhalt	3,5 m³
indizierte Leistung	270 PS$_i$
indizierte Zugkraft (0,8)	5,0 Mp

Aus Kostengründen ließ die Oldenburgische Staatsbahn in ihrer Hauptwerkstätte ältere Schlepptenderloks in kleine Tendermaschinen für den Rangier- und Bauzugdienst umbauen. Allerdings genügten diese Maschinen Ende des 19. Jahrhunderts nicht mehr den gestiegenen Anforderungen in Sachen Zugkraft und Leistung. Deshalb wurde die Hanomag mit der Entwicklung eines kleinen und preiswerten Zweikupplers für diese Aufgaben betraut. Die Hanomag griff dabei auf die preußische T 2 zurück und passte sie den Erfordernissen der Oldenburgischen Staatsbahn an. Typisch waren der fehlende Dampfdom, die Wurfhebelbremse für die Lok und die Heberlein-Bremse für den Zug. Der Regler saß direkt in der Rauchkammer. Bis 1913 lieferte Hanomag insgesamt 38 oldenburgische T 2.

Die DRG übernahm noch 37 Loks, musterte diese aber weitgehend bis 1927 aus. Einige von ihnen verdienten sich noch in Ausbesserungswerken und bei Kleinbahnen ihre Kohlen. Museal erhalten blieb die 98 111 im Eisenbahnmuseum Bad Nauheim.

Baureihe 98⁵ (Länderbahnlok, bayerische D XI)

Technische Daten

Bauart	C1´n2t
Betriebsgattung	L 23.11
Länge über Puffer	9.288 mm
Höchstgeschwindigkeit v/r	45/45 km/h
Zylinderdurchmesser	375 mm
Kolbenhub	508 mm
Treib- und Kuppelraddurchmesser	1.006 mm
Kesselüberdruck	12 kp/cm²
Rostfläche	1,34 m²
Verdampfungsheizfläche	66,63 m²
Dienstmasse (2/3 Vorräte)	38,3 t
Brennstoffvorrat	1,5 t
Wasserkasteninhalt	4,3 m³
indizierte Leistung	320 PS$_i$
indizierte Zugkraft (0,8)	6,8 Mp

Für ihre steigungsreichen Lokalbahnstrecken ließ die Bayerische Staatsbahn 1880 bei der Lokomotivfabrik Krauss eine Cn2-Tenderlok entwickeln. Als zehn Jahre später wieder Bedarf an neuen Lokalbahn-Maschinen bestand und wiederum Krauss den Zuschlag erhielt, erinnerte man sich der alten Konstruktion, von der man im Wesentlichen das Fahrwerk übernahm. Damit ein größerer Kessel untergebracht werden konnte, rüstete man den Dreikuppler kurzerhand mit einer hinteren Laufachse als Krauss-Helmholtz-Lenkgestell aus. Diese als Gattung D X bezeichneten C1´n2-Tenderloks wurden ab 1890 in Dienst gestellt. Fünf Jahre später stand diese Gattung Pate für die Entwicklung der D XI. Sie erhielt eine verkürzte Rauchkammer, andere Abstände zwischen den Kuppelachsen und eine Riggenbach-Gegendruckbremse.

1897 folgte eine zweite, leicht verstärkte Variante der D XI, von der 47 Maschinen gebaut wurden. Insgesamt beschaffte die bayerische Staatsbahn 139 Maschinen der Gattung D XI, die die meistgebaute Lokalbahnlok war. Die Mehrzahl von ihnen wurde zwischen 1931 und 1933 ausgemustert. Als letzte stand die 98 507 unter Dampf. Sie wurde 1960 ausgemustert und steht heute als Denkmal in Ingolstadt.

Foto: Krantz

Technische Daten

	98 301–309	98 310–322
Bauart	B h2t	B h2t
Betriebsgattung	L 22.11	L 22.11
Länge über Puffer	7.004 mm	6.800 mm
Höchstgeschwindigkeit v/r	50/50 km/h	50/50 km/h
Zylinderdurchmesser	320 mm	320 mm
Kolbenhub	400 mm	400 mm
Treib- und Kuppelraddurchmesser	1.006 mm	1.006 mm
Kesselüberdruck	12 kp/cm²	12 kp/cm²
Rostfläche	0,6 m²	0,6 m²
Verdampfungsheizfläche	28,9 m²	28,9 m²
Dienstmasse (2/3 Vorräte)	21,8 t	21,2 t
Brennstoffvorrat	0,6 t	0,6 t
Wasserkasteninhalt	2,0 m³	2,0 m³
indizierte Leistung	210 PS$_i$	210 PS$_i$
indizierte Zugkraft (0,8)	3,9 Mp	3,9 Mp

Für den Personenzugdienst auf ihren Lokalbahnstrecken suchte die Bayerische Staatsbahn Anfang des 20. Jahrhunderts nach einer leichten Tenderlok, die mit einer Schüttfeuerung ausgerüstet war, damit auf den Heizer verzichtet werden konnte. Die Lokfabrik Krauss entwickelten einen kleinen Zweikuppler mit Blindwelle und einer relativ kurzen Treibstange. Die ersten 1908 gelieferten Maschinen der Gattung PtL 2/2 bewährten sich sehr gut, so dass die Bayerische Staatsbahn weitere Exemplare in Auftrag gab.

Bei den ab 1911 gelieferten Loks entfiel allerdings die Blindwelle und die Treibstange wirkte nun auf die zweite Kuppelachse. Das für die Maschinen typische Führerhaus mit seinen großen Scheiben brachte der PtL 2/2 den Spitznamen »Glaskastl« ein. Die DRG übernahm noch 22 der kleinen Maschinen, wobei die Blindwellen-Loks als 98 301–309 und die anderen als 98 310–322 bezeichnet wurden.

Baureihe 98⁷ (Länderbahnlok, bayerische BB II)

Technische Daten

Bauart	B´Bn4vt
Betriebsgattung	L 44.11
Länge über Puffer	10.040 mm
Höchstgeschwindigkeit v/r	45/45 km/h
Zylinderdurchmesser (HD/ND)	310/490 mm
Kolbenhub	530 mm
Treib- und Kuppelraddurchmesser	1.006 mm
Kesselüberdruck	12 kp/cm²
Rostfläche	1,4 m²
Verdampfungsheizfläche	67,7 m²
Dienstmasse (2/3 Vorräte)	42,6 t
Brennstoffvorrat	1,5 t
Wasserkasteninhalt	4,3
indizierte Leistung	380 PS$_i$
indizierte Zugkraft (0,8)	k. A.

Die Reibungsmasse der Ende des 19. Jahrhunderts von der Bayerischen Staatsbahn auf den Lokalbahn eingesetzten Dreikuppler war für die ständig steigenden Zuggewichte zu gering. Da die Maschinen aber auch einen sehr guten Kurvenlauf besitzen sollten, ging die Bayerische Staatsbahn zur Mallet-Bauart über. Maffei lieferte 1899 die ersten drei B´Bn4v-Tenderloks der Gattung BB II. Das hintere, fest mit dem Rahmen verbundene Hochdrucktriebwerk und das vordere bewegliche Niederdrucktriebwerk besaßen Innenrahmen.

Bis 1908 stellte die Bayerische Staatsbahn insgesamt 31 Maschinen der Gattung BB II in Dienst. Ein Erfolg waren die Loks aber nicht. Ihre Leistung war bescheiden und ihre Laufeigenschaften überzeugten nicht. Außerdem neigte die BB II leicht zum Schleudern und die flexiblen Dampfleitungen verursachten hohe Instandhaltungskosten. Die DRG übernahm zwar alle 31 Exemplare, musterte sie aber bis 1943 aus. Die Zuckerfabrik Regensburg erwarb 1942 die 98 727, wo sie lange Jahre im Einsatz war. Heute steht die Maschine in Darmstadt-Kranichstein.

Baureihe 98⁷⁰ (Länderbahnlok, sächsische VII T)

Technische Daten

Bauart	B n2t
Betriebsgattung	L 22.13
Länge über Puffer	7.878 mm
Höchstgeschwindigkeit v/r	40/40 km/h
Zylinderdurchmesser	300 mm
Kolbenhub	533 mm
Treib- und Kuppelraddurchmesser	1.130 mm
Kesselüberdruck	12 kp/cm²
Rostfläche	0,87 m²
Verdampfungsheizfläche	43,50 m²
Dienstmasse (2/3 Vorräte)	26,7 t
Brennstoffvorrat	1,1 t
Wasserkasteninhalt	2,85 m³
indizierte Leistung	k. A.
indizierte Zugkraft (0,8)	k. A.

Für den Rangierdienst und leichte Züge auf Nebenbahnen gaben die Königlich Sächsischen Staatseisenbahnen (K.Sächs.Sts.E.) bei der SMF kleine zweifachgekuppelte Nassdampftenderloks in Auftrag. Der Bau dieser kleinen Maschinen erstreckte sich von 1882 bis 1894. Typisch für die Loks waren der Regleraufsatz auf dem vorderen Kesselschuss, von dem die Einströmrohre über den Kessel zu den Zylindern verliefen und der hintere kleinere Dom, der das Ramsbottom-Sicherheitsventil trug. Der 8 mm starke, genietete Blechrahmen war als Wasserkasten konstruiert. Die Kohlen lagerte in zwei kleinen Vorratsbehältern links und rechts des Kessels.

Die K.Sächs.Sts.E. reihte die Maschinen als Gattung VII T in ihren Bestand ein. Die Zweikuppler erwiesen sich als sehr langlebig. Die DRG zeichnete 1925 noch 28 VII T als Baureihe 98⁷⁰ um. Zwar lichten sich deren Reihen in den 30er-Jahren, doch als Verschubhilfen in Bahnbetriebs- und Ausbesserungswerken waren die letzten Vertreter bis 1966 im Einsatz. Die 98 7056 blieb erhalten und wurde für das VM Dresden weitgehend in den Anlieferungszustand zurück versetzt.

Foto: Slg. Endisch

Technische Daten

Bauart	98 801–813	98 854–900
Betriebsgattung	D h2t	D h2t
Länge über Puffer	9.250 mm	9.250 mm
Höchstgeschwindigkeit v/r	40/40 km/h	40/40 km/h
Zylinderdurchmesser	460 mm	460 mm
Kolbenhub	508 mm	508 mm
Treib- und Kuppelraddurchmesser	1.006 mm	1.006 mm
Kesselüberdruck	12 kp/cm²	12 kp/cm²
Rostfläche	1,36 m²	1,36 m²
Verdampfungsheizfläche	60,99 m²	60,99 m²
Dienstmasse (2/3 Vorräte)	40,8 t	43,0 t
Brennstoffvorrat	1,7 t	1,7 t
Wasserkasteninhalt	5,0 m³	5,3 m³
indizierte Leistung	450 PS$_i$	450 PS$_i$
indizierte Zugkraft (0,8)	10,2 Mp	10,2 Mp

Die Baureihe 98$^{8–9}$, die GtL 4/4, ist die letzte von der Bayerischen Staatsbahn beschaffte Lokalbahnlok. Nachdem sich die BB II als zu teuer erwiesen hatte, gab man bei der Lokomotivfabrik Krauss eine vierfachgekuppelte Heißdampflok in Auftrag. Die ersten beiden der von Richard von Helmholtz entwickelten GtL 4/4 wurden 1911 geliefert. Die Steifrahmenmaschinen besaßen seitenverschiebbare Achsen nach dem System Gölsdorf, einen stabilen Blechrahmen und einen genieteten Kessel. Die beiden Baumuster waren den Mallet-Maschinen deutlich überlegen. 1915 begann die Serienlieferung der GtL 4/4, die bis 1927 andauerte. Die DRG übernahm insgesamt 117 Maschinen, die auf zahlreichen bayerischen Lokalbahnen für Jahrzehnte zum vertrauten Bild gehörten. Erst Ende der 50er-Jahre sank der Stern der GtL 4/4. Bis 1964 schrumpfte der Bestand auf fünf Loks zusammen. Die letzten beiden Maschinen 98 812 und 98 886 blieben erhalten.

Baureihe 98⁷⁵ (Länderbahnlok, bayerische D VI)

Technische Daten

Bauart	B n2t
Betriebsgattung	L 22.9
Länge über Puffer	6.890 mm
Höchstgeschwindigkeit v/r	45/45 km/h
Zylinderdurchmesser	266 mm
Kolbenhub	508 mm
Treib- und Kuppelraddurchmesser	1.006 mm
Kesselüberdruck	12 kp/cm²
Rostfläche	0,75 m²
Verdampfungsheizfläche	25,71 m²
Dienstmasse (2/3 Vorräte)	18,5 t
Brennstoffvorrat	0,8 t
Wasserkasteninhalt	2,33 m³
indizierte Leistung	150 PS$_i$
indizierte Zugkraft (0,8)	3,4 Mp

Die Lokomotivfabrik Maffei lieferte 1880 die erste Serie einer kleinen Bn2-Tenderlok für den Einsatz auf Lokalbahnen mit geringen Steigungen aus. Aufgrund des leichten Oberbaus durfte die Achslast 12 Tonnen nicht überschritten werden. Die von der Bayerischen Staatsbahn als Gattung D VI bezeichneten Zwei-kuppler besaßen einen genieteten Blechrahmen, in dem der Wasserkasten eingehängt war. Die Rauch-kammer fiel sehr klein aus. Weiterhin besaßen die Maschinen vorn und hinten Übergangseinrichtun-gen für das Personal und auf der linken Seiten ein Geländer. Die Kohle musste deshalb im Führerstand gelagert werden.

Bis 1894 beschaffte die Bayerische Staatsbahn ins-gesamt 53 D VI, doch nur noch 21 Loks nahm die DRG 1925 in ihren Umzeichnungsplan auf. Die meis-ten von ihnen wurden bis Mitte der 30er-Jahre aus-gemustert. Die heute im Eisenbahnmuseum Neu-stadt (Weinstraße) betreute 98 7508 stand beim Torf-werk Raubing im Einsatz.

Baureihe 98⁷⁶ (Länderbahnlok, bayerische D VII)

Technische Daten

Bauart	C n2t
Betriebsgattung	L 33.9
Länge über Puffer	7.565 mm
Höchstgeschwindigkeit v/r	45/45 km/h
Zylinderdurchmesser	330 mm
Kolbenhub	508 mm
Treib- und Kuppelraddurchmesser	1.006 mm
Kesselüberdruck	12 kp/cm²
Rostfläche	0,83 m²
Verdampfungsheizfläche	50,16 m²
Dienstmasse (2/3 Vorräte)	28,1 t
Brennstoffvorrat	1,2 t
Wasserkasteninhalt	3,72 m³
indizierte Leistung	k. A.
indizierte Zugkraft (0,8)	k. A.

Parallel zur Gattung D VI gab die Bayerische Staats-bahn für ihre steigungsreicheren Lokalbahnen eine dreifachgekuppelte Nassdampftenderlok in Auftrag. Die Konstruktion dieser als Gattung D VII bezeich-neten Type übernahm die Lokfabrik Krauss, die 1880 die erste Maschine lieferte. Typisch für die Lok war der unsymmetrische Achsstand und der zwischen den Wangen des Blechrahmens hängende Wasser-kasten. Die sehr kurze Rauchkammer schloss eine zweiflügelige Tür.

Die D VII erwies sich als robuste und pflegeleichte Maschine, von der die Bayerische Staatsbahn in mehren Baulosen insgesamt 75 Maschinen be-schaffte. Die DRG reihte alle als BR 98⁷⁶ in ihren Fahrzeugpark ein. Zu diesem Zeitpunkt war die D VII aber nur noch in untergeordneten Diensten tätig. 1935 wurde die letzte von ihnen ausgemustert. Einige dienten aber noch lange Zeit als Heiz- und Schlepploks in Bahnbetriebswerken, wie die 98 7658 des Localbahnmuseums Bayerisch Eisen-stein, die sich bis 1963 in Würzburg ihre Kohlen ver-diente.

Baureihe 99³³⁰ (Privatbahnlok der WEM)

Technische Daten

Bauart	C n2t
Betriebsgattung	K 33.3
Lange ü. Puffer	
(Tender 2 T 2,6)	8.720 mm
Höchstgeschwindigkeit v/r	15/15 km/h
Zylinderdurchmesser	200 mm
Kolbenhub	300 mm
Treib- und Kuppelraddurchmesser	560
Kesselüberdruck	12 kp/cm²
Rostfläche	0,39 m²
Verdampfungsheizfläche	18,76 m²
Dienstmasse (2/3 Vorräte)	8,0 t
Brennstoffvorrat	1,2 t
Wasserkasteninhalt	2,6 m³
effektive Leistung	60 PS$_e$
indizierte Zugkraft	1,55 Mp

Für den Transport von Braunkohle, Holz und Ton innerhalb der Standesherrschaft Muskau nahm 1895 die Waldeisenbahn Muskau (WEM) den Betrieb auf. Die Firma Krauss lieferte dazu zwei kleine Nassdampfdreikuppler. Die erste Maschine, die in Muskau eintraf, war die 99 3301, die von der WEM als »Graf Arnim« bezeichnet wurde.

Typisch für die Lok sind der tief liegende genietete Kessel mit dem Kobel-Schornstein sowie der große Sandkasten und der riesig wirkende Dampfdom. Die drei Achsen lagern fest im Rahmen.

Die »Graf Arnim« war bis 1933 auf allen Strecken der WEM im Einsatz. Nach der Trennung der Verbindung Weißwasser–Ruhlmühle vom übrigen Netz, wurde die Inselstrecke die neue Heimat für die Lok, wo sie auch im Einmannbetrieb eingesetzt wurde. Zur Vergrößerung der Vorräte erhielt die Maschine einen kleinen zweiachsigen Tender. Nach der Stilllegung der Strecke Weißwasser–Ruhlmühle 1966 wurde die 99 3301 abgestellt. Die Stadt Cottbus erwarb die Lok 1969 für die Pioniereisenbahn, wo sie seit April 1970 als Nr. 04 im Einsatz ist.

Baureihe 99³³¹ (Privatbahnlok der WEM)

Technische Daten

Bauart	D n2t
Betriebsgattung	K 44.3
Lange ü. Puffer	5.770 mm
Höchstgeschwindigkeit v/r	25/25 km/h
Zylinderdurchmesser	240 mm
Kolbenhub	300 mm
Treib- und Kuppelraddurchmesser	600 mm
Kesselüberdruck	12 kp/cm²
Rostfläche	0,45 m²
Verdampfungsheizfläche	21,15 m²
Dienstmasse (2/3 Vorräte)	14,0 t
Brennstoffvorrat	0,6 t
Wasserkasteninhalt	1,4 m³
effektive Leistung	70 PS$_e$
indizierte Zugkraft	2,07 Mp

Ein Einzelgänger bei der Muskauer Waldeisenbahn (WEM) war die 99 3312. Da Anfang des 20. Jahrhunderts die bei der WEM eingesetzten Dreikuppler mit den immer schwerer werdenden Güterzügen überlastet waren, wurde bei Borsig eine D n2t-Maschine in Auftrag gegeben. 1912 stellte die WEM die Loks als »Diana« in Dienst. Sie war mit einer Leistung von rund 70 PS die stärkste Maschine in Muskau.

Der genietete Kessel hat einen Abstand zwischen den Rohrwänden von 2.400 mm. Der Flachschieber-Regler sitzt rechts am Dampfdom und wird über einen Seitenzug betätigt. Charakteristisch für die Maschine ist der Außenrahmen mit seinen vier fest gelagerten Radsätzen.

Die DR reihte die »Diana« bei der Übernahme der WEM 1951 als 99 3312 in ihren Bestand ein. Die Lok war auf allen Strecken der Waldeisenbahn im Einsatz. Erst mit der endgültigen Stilllegung der WEM wurde die 99 3312 im Herbst 1977 abgestellt. Ein Jahr später wurde die Lok als Denkmal in Oberrodewitz aufgestellt. 1994 übernahm der Verein »Waldeisenbahn Muskau e.V.« die »Diana«.

Foto: Krantz

Technische Daten

Bauart	D n2t
Betriebsgattung	K 44.3
Lange ü. Puffer	5.885 mm
Höchstgeschwindigkeit v/r	25/25 km/h
Zylinderdurchmesser	240 mm
Kolbenhub	240 mm
Treib- und Kuppelraddurchmesser	600 mm
Kesselüberdruck	15 kp/cm²
Rostfläche	0,42 m²
Verdampfungsheizfläche	16,4 m²
Dienstmasse (2/3 Vorräte)	11,4 t
Brennstoffvorrat	1,1 t
Wasserkasteninhalt	3 m³
effektive Leistung	50 PS$_e$
indizierte Zugkraft	2,07 Mp

Während des Ersten Weltkrieges beschafften die kaiserlichen Heeresfeldbahnen für den Betrieb ihrer 600 mm-Schmalspurstrecken die so genannten Brigadeloks, von denen die deutschen Lokomotivfabriken zwischen 1914 und 1919 rund 2.500 Exemplare bauten.

Die Brigadeloks besitzen einen genieteten Außenrahmen. Alle vier Achsen sind fest gelagert, wobei die dritte Kuppelachse als Treibachse dient. Die Tragfedern sitzen oberhalb der Achsen. Der Innendurchmesser des Kessels misst nur 698 mm. Typisch für die Brigadeloks sind der Kobelschornstein und der Dampfdom mit den vorn angeflanschten Sicherheitsventilen. Die Wasserkästen reichen bis zur Rauchkammer. Die Kohle lagert im hinteren Bereich des linken Wasserkastens.

Die WEM erwarb 1921/22 vom Reichsverwertungsamt, das die nicht mehr benötigten Fahrzeuge der Heeresfeldbahnen verkaufte, insgesamt sieben Brigadeloks. Bei der Übernahme der Waldeisenbahn gelangten noch vier Loks zur DR, die den Bestand durch drei Exemplare von benachbarten Kohlengruben aufstockte. Bis zum Schluss waren die Brigadeloks auf der WEM im Einsatz. Als letzte schied 1978 die 99 3316 aus. Sie und fünf weitere Exemplare blieben in Deutschland erhalten.

Baureihe 99³³⁵ (Privatbahnlok der MPSB)

Foto: Slg. Endisch

Technische Daten

Bauart	C 1´n2
Betriebsgattung	K 45.3
Lange ü. Puffer (Tender 2 T 3,6)	9.480 mm
Höchstgeschwindigkeit v/r	25/25 km/h
Zylinderdurchmesser	215 mm
Kolbenhub	300 mm
Treib- und Kuppelraddurchmesser	630 mm
Laufraddurchmesser h	500 mm
Kesselüberdruck	12 kp/cm²
Rostfläche	0,45 m²
Verdampfungsheizfläche	20,67 m²
Dienstmasse (2/3 Vorräte)	13,2 t
Brennstoffvorrat	0,55 t
Wasserkasteninhalt	3,6 m³
effektive Leistung	65 PS$_e$
indizierte Zugkraft	1,59 Mp

Die Mecklenburg-Pommersche Schmalspurbahn (MPSB) betrieb ein rund 220 km langes Streckennetz zwischen Groß Daberkow, Friedland, Ferdinandshof, Ducherow, Anklam, Jarmen, Leopoldshagen, Janow und Beseritz. In der Anfangszeit der MPSB kamen ausschließlich B- und C-Kuppler zum Einsatz. Doch die bescheidenen Laufeigenschaften und begrenzten Vorräte waren ein großer Nachteil für den Betrieb. Deshalb ging die MPSB Anfang des 20. Jahrhundert zu C1´-Maschinen über, von denen Jung 1906 die ersten beiden Loks lieferte. Dis 1913 folgten fünf weitere Exemplare.

Der genietete Kessel saß auf einem Blech-Außenrahmen. Die Kuppelachsen waren fest im Rahmen gelagert, während die Laufachse als Bisselachse ausgeführt war. Bemerkenswert war die Bremsausrüstung: Neben einer Handbremse gab es noch eine Dampfbremse für die Lok. Zur Vergrößerung der Vorräte entstand in der Werkstatt in Friedland ein Hilfstender.

Die DR übernahm 1949 noch drei Maschinen. Erst Ende der 60er-Jahre hatten die Loks ausgedient. Als Letzte ihrer Gattung schied am 10. November 1969 die 99 3351 aus dem Betriebspark aus. Die 99 3352 erinnert heute in Friedland an die MPSB

Baureihe 99³⁴⁶ (Privatbahnlok der MPSB)

Foto: Krantz

Technische Daten

Bauart	D h2
Betriebsgattung	K 44.4
Lange ü. Puffer (Tender 2 T 3,5)	10.325 mm
Höchstgeschwindigkeit v/r	25/25 km/h
Zylinderdurchmesser	310 mm
Kolbenhub	300 mm
Treib- und Kuppelraddurchmesser	650 mm
Kesselüberdruck	14 kp/cm²
Rostfläche	0,76 m²
Verdampfungsheizfläche	26,7 m²
Dienstmasse (2/3 Vorräte)	16,5 t
Brennstoffvorrat	1,2 t
Wasserkasteninhalt	3,5 m³
effektive Leistung	160 PS$_e$
indizierte Zugkraft	3,7 Mp

In den 20er-Jahren modernisierte die Mecklenburg-Pommersche Schmalspurbahn (MPSB) ihren Fahrzeugpark, da die Verkehrsleistungen deutlich zugenommen hatten. Dazu beschaffte die Bahngesellschaft jetzt vierachsige Heißdampf-Lokomotiven. O&K lieferte 1930 die erste Schlepptendermaschine aus, zwei weitere folgten 1934.

Der genietete Kessel mit dem Kleinrohrüberhitzer saß über dem Außenrahmen. Im Dampfdom saß ein Ventilregler. Auf der Domdecke fanden die Sicherheitsventile Platz. Die Radsätze lagerten fest im Rahmen. Um trotzdem Radien bis 50 m durchfahren zu können, hatte man die Spurkränze der zweiten und dritten Achse geschwächt. Die Vorräte lagerten in einem zweiachsigen Tender. Das Führerhaus konnte durch eine zweiteilige Schiebetür zum Tender hin geschlossen werden.

Die drei D h2-Maschinen waren die stärksten Lokomotiven der MPSB. Sie kamen vorzugsweise im Güterverkehr zum Einsatz. Die DR übernahm 1949 lediglich die ehemalige Nr. 12 als 99 3462. Die anderen beiden hatte die Rote Arme als Reparationsleistung beschlagnahmt. Die 99 3642 war bis 1969 im Einsatz. Meist in Anklam stationiert, wurde sie am 23. Juni 1969 abgestellt und 1970 verkauft.

Baureihe 99⁵¹⁻⁶⁰ (Länderbahnlok, sächsische IV K; GR-Lok der DR)

Foto: Endisch

Technische Daten

	Altbau	GR
Bauart	B´B´n4vt	B´B´n4vt
Betriebsgattung	K 44.71	K 44.71
Lange ü. Puffer	9.000 mm	9.000 mm
Höchstgeschwindigkeit v/r	30/30	30/30
Zylinderdurchmesser	240/400² mm	240/400 mm
Kolbenhub	380 mm	380 mm
Treib- und Kuppelraddurchmesser	760 mm	760 mm
Kesselüberdruck	14³ kp/cm²	15 kp/cm²
Rostfläche	0,97 m²	0,97 m²
Verdampfungsheizfläche	49,87 m²	49,87 m²
Dienstmasse (2/3 Vorräte)	27,94 t	29,3 t
Brennstoffvorrat	1,02 t	1,2 t
Wasserkasteninhalt	2,4 m³	2,4 m³
effektive Leistung	210 PS$_e$	210 PS$_e$
indizierte Zugkraft	3,7 Mp	3,7 Mp

Anmerkungen
[1] ab 99 586: K 44.8
[2] ab 99 561
[3] ab 99 581: 15 kp/cm²
[4] ab 99 586: 28,5 t

Der Inbegriff der sächsischen Schmalspurlok ist die IV K, die BR 99⁵¹⁻⁶⁰. Um 1890 genügten die auf den Schmalspurbahnen der K.Sächs.Sts.E. eingesetzten Maschinen nicht mehr den betrieblichen Belangen. Allerdings musste die neue Gattung anstandslos Radien bis 40 m durchfahren. Die Ingenieure der SMF entwickelten deshalb keine Einrahmenlok, sondern griffen auf zwei Triebdrehgestelle der Bauart Meyer mit den hinteren Hochdruck- und den vorderen Niederdruck-Zylindern zurück. Bereits 1892 stellten die K.Sächs. Sts.E. die ersten IV K in Dienst. In mehreren Baulosen, wurden bis 1921 insgesamt 96 Exemplare der IV K beschafft. Sie ist damit die meist gebaute deutsche Schmalspur-Dampflok. Da die DR auf die IV K nicht verzichten konnte, rüstete das Raw Görlitz in den 60er-Jahren 30 Maschinen mit neuen Kesseln aus. Einige Loks erhielten außerdem neue Rahmen, Zylinder und Drehgestelle.

Baureihe 99⁶³

(Länderbahnlok, württembergische Tssd)

Foto: Krantz, Slg. Endisch

Technische Daten

Bauart	B´B n4vt
Betriebsgattung	K 44.7
Länge ü. Puffer	8.226 mm
Höchstgeschwindigkeit v/r	30/30 km/h
Zylinderdurchmesser (HD/ND)	275/420 mm
Kolbenhub	450 mm
Treib- und Kuppelraddurchmesser	900 mm
Kesselüberdruck	12 kp/cm²
Rostfläche	0,97 m²
Verdampfungsheizfläche	56,4 m²
Dienstmasse (2/3 Vorräte)	28,7 t
Brennstoffvorrat	1,2 t
Wasserkasteninhalt	3 m³
effektive Leistung	190 PS$_e$
indizierte Zugkraft	4,8 Mp

Mit dem Bau der Strecke Biberach–Ochsenhausen benötigte die Württembergische Staatsbahn dringend eine neue leistungsfähige Schmalspurlok. Eugen Kittel, der technische Direktor der Staatsbahn, sah in der Bauart Mallet, mit dem hinteren festen Hochdrucktriebwerk und dem vorderen beweglichen Niederdrucktriebwerk, die Lösung des Problem. Die Maschinenfabrik Esslingen lieferte 1899 die ersten drei Exemplare der neuen »Duplex-Lokomotiven« der Klasse Tssd. Bis 1913 folgten weitere sechs Maschinen, die nun das Geschehen auf den schwäbischen Schmalspurbahnen bestimmten. Doch bereits in den 30er-Jahren sank der Stern der Tssd. Mit der Übernahme der ersten VI K wurden einige Tssd überflüssig. Bis 1945 schieden bereits fünf Mallet-Maschinen aus. Die Deutsche Bundesbahn übernahm nur noch vier Loks. Von denen erwiesen sich die 99 633 und 637 als sehr langlebig. Auf ihrer Stammstrecke Schussenried–Bad Buchau waren sie bis Ende der 60er-Jahre im Einsatz. Die am 25. März 1965 ausgemusterte 99 637 steht heute in Bad Buchau als Denkmal. Die 99 633 übernahm 1969 die DGEG. Nach Museumsdiensten im Jagsttal und auf dem Öchsle steht sie heute nicht betriebsfähig in Ochsenhausen.

Baureihe 99$^{64-71}$ (Länderbahnlok, sächsische VI K)

Foto: Endisch

Technische Daten

	99 651	99 713–716
Bauart	E h2t E h2t	
Betriebsgattung	K 55.8	K 55.9
Lange ü. Puffer	8.660 mm	8.990 mm
Höchstgeschwindigkeit v/r	30/30 km/h	30/30 km/h
Zylinderdurchmesser	430 mm	430 mm
Kolbenhub	400 mm	400 mm
Treib- und Kuppelraddurchmesser	800 mm	800 mm
Kesselüberdruck	14 kp/cm²	14 kp/cm²
Rostfläche	1,61 m²	1,59 m²
Verdampfungsheizfläche	64,32 m²	64,31 m²
Dienstmasse (2/3 Vorräte)	38,2 t	39,9 t
Brennstoffvorrat	2,0 t	2,5 t
Wasserkasteninhalt	4,5 m³	4,5 m³
effektive Leistung	480 PS$_e$	480 PS$_e$
indizierte Zugkraft	7,77 Mp	7,77 Mp

Für den Einsatz auf Schmalspurstrecken in Polen gaben die Heeresfeldbahnen während des Ersten Weltkrieges bei der Firma Henschel eine E h2-Tenderlok in Auftrag. Allerdings wurden die Maschinen erst nach Kriegsende fertig. Da die Sächsischen Staats-Eisenbahnen dringend neue Loks benötigten, erwarben sie 1919 die 15 Exemplare und reihten sie als VI K (DRG: 99$^{64-71}$) ein. Die VI K war die erste sächsische Schmalspur-Heißdampflok. Aufgrund der guten Erfahrungen mit der VI K beschaffte die DRG zwischen 1923 und 1947 weitere, leicht modifizierte 47 Maschinen. Von diesen so genannten Nachbau-Loks (99 617–717) gelangten einige auch zur RBD Stuttgart. Nach dem Zweiten Weltkrieg verbleiben bei der DR 27 Maschinen und bei der Bundesbahn zehn VI K. Die DR rüstete ihre Maschinen in den 60er-Jahren mit neuen Kesseln aus. Mit der Stilllegung des Wilsdruffer Netzes konnte die Rbd Dresden auf die VI K verzichten.

Baureihe 99⁷³⁻⁷⁶ (Einheitslok)

Foto: Reiners

Technische Daten

Bauart	1´E 1´h2t
Betriebsgattung	K 57.9
Lange ü. Puffer	10.540 mm
Höchstgeschwindigkeit v/r	30/30 km/h
Zylinderdurchmesser	450 mm
Kolbenhub	400 mm
Treib- und Kuppelraddurchmesser	800 mm
Laufraddurchmesser v/h	550/550 mm
Kesselüberdruck	14 kp/cm²
Rostfläche	1,74 m²
Verdampfungsheizfläche	80,30 m²
Dienstmasse (2/3 Vorräte)	53,9 t
Brennstoffvorrat	2,5 t
Wasserkasteninhalt	5 m³
indizierte Leistung	650 PS$_i$
indizierte Zugkraft	8,5 Mp

Mitte der 20er-Jahre benötigte die RBD Dresden für ihre Schmalspurstrecken eine moderne Dampflok. Zwar war die VI K noch relativ neu, doch ihre Laufeigenschaften waren aufgrund der großen Überhänge mehr schlecht als recht. So beantragte die RBD Dresden beim Reichsbahn-Zentralamt den Bau einer Einheitslok für 750 mm Spurweite. Mit der Entwicklung der BR 99⁷³⁻⁷⁶ wurde die SMF beauftragt, die 1928 auch die ersten Exemplare lieferte.

Die 1´E1´-Maschinen waren bei ihrer Indienststellung die stärksten deutschen Schmalspur-Dampfloks. Ihr Kernstück waren der genietete Kessel mit dem Oberflächenvorwärmer und der Barrenrahmen. Damit die Loks Radien bis 50 m befahren konnten, wurden die zweite und fünfte Kuppelachse seitenverschiebbar gelagert und der Spurkranz der Treibachse geschwächt.

Bis 1933 stellte die RBD Dresden insgesamt 32 Maschinen in Dienst, die die Eisenbahner in Anlehnung an das sächsische Bezeichnungsschema als VII K bezeichneten. Nach dem Zweiten Weltkrieg musste die DR zehn Maschinen als Reparationsleistung an die Sowjetunion abliefern.

Mitte 60er-Jahre baute das Raw Görlitz bei 14 Loks geschweißte Ersatzkessel ein. Heute setzten die SOEG (Zittau) und die BRG (Freital-Hainsberg) noch täglich die Einheitsloks ein.

Baureihe 99⁷⁷⁻⁷⁹ (Neubaulok DR)

Foto: Endisch

Technische Daten

Bauart	1´E 1´h2t
Betriebsgattung	K 57.9
Länge ü. Puffer	10.000 mm
Höchstgeschwindigkeit v/r	30/30 km/h
Zylinderdurchmesser	450 mm
Kolbenhub	400 mm
Treib- und Kuppelraddurchmesser	800 mm
Laufraddurchmesser v/h	550/550 mm
Kesselüberdruck	14 kp/cm²
Rostfläche	2,57 m²
Verdampfungsheizfläche	76,9 m²
Dienstmasse (2/3 Vorräte)	51,9 t
Brennstoffvorrat	4,0 t
Wasserkasteninhalt	5,8 m³
indizierte Leistung	650 PS$_i$
indizierte Zugkraft	8,5 Mp

Die Reparationsforderungen der Sowjetunion rissen nach dem Zweiten Weltkrieg große Lücken in den Bestand der Schmalspurlokomotiven der Rbd Dresden. Um vor allem die Transporte für die SDAG Wismut bewältigen zu können, benötigte die DR dringend neue Maschinen. Auf der Grundlage der BR 99⁷³⁻⁷⁶ entwickelte LKM Babelsberg deshalb die BR 99⁷⁷⁻⁷⁹, deren erste vier Exemplare die Rbd Dresden Ende 1952 abnahm. Sie waren die ersten Neubau-Dampfloks der DR.

In den wichtigsten technischen Parametern entsprach die 99⁷⁷⁻⁷⁹ der Einheitslok. Allerdings erhielten die Neubauloks einen geschweißten Blechrahmen, größere Vorratsbehälter und einen geschweißten Kessel mit deutlich größerer Rostfläche, damit Braunkohle verfeuert werden konnte. Die zugstarken Maschinen erfüllten aber nicht alle Erwartungen: Der zu schwach ausgeführte Rahmen und zahlreiche Fertigungsmängel sorgten für viel Ärger. Es verging viel Zeit, bis die DR die Problem mit den bis 1957 beschafften insgesamt 24 Loks in den Griff bekam. 1991/1992 baute das Raw Görlitz bei 14 Maschinen neue Rahmen und Kessel ein.

Bis heute sind 22 Exemplare der auch als Neubau-VII K bezeichneten Gattung erhalten geblieben, von denen täglich einige in Oberwiesenthal, Radebeul, Freital-Hainsberg und Putbus im Einsatz sind.

Baureihe 99⁴³⁰ (Privatbahnlok der KJ I)

Technische Daten

Bauart	C n2t
Betriebsgattung	K 33.3
Lange ü. Puffer	5.630 mm
Höchstgeschwindigkeit v/r	15/15 km/h
Zylinderdurchmesser	210 mm
Kolbenhub	300 mm
Treib- und Kuppelraddurchmesser	600 mm
Kesselüberdruck	12 kp/cm²
Rostfläche	0,41 m²
Verdampfungsheizfläche	17,64 m²
Dienstmasse (2/3 Vorräte)	9,8 t
Brennstoffvorrat	0,5 t
Wasserkasteninhalt	0,8 m³
effektive Leistung	50 PS$_e$
indizierte Zugkraft	1,6 Mp

Für die Zuckerfabrik Gommern lieferte O&K 1920 die heutige 99 4301. Der kleine Dreikuppler übernahm hier in erster Linie die Zuführung und Abholung der Güterwagen vom Bahnhof Gommern der Kleinbahn Kreis Jerichow I (KJ I). Für diesen Zweck reichte die kleine Nassdampflok völlig aus. Der genietete Kessel saß auf einem Blechrahmen. Die drei Kuppelachsen waren fest im Rahmen gelagert. Da die Lok nur im Rangierdienst eingesetzt wurde und die Höchstgeschwindigkeit 15 km/h betrug, besaß sie nur eine einfache Handbremse.

Die Sowjetische Besatzungsmacht ließ die Zuckerfabrik Gommern 1946 als Reparationsleistung demontieren, die kleine Rangierlok blieb aber zurück. Die KJ I übernahm die Maschine 1948 als Nr. 23. Die DR gab der Lok zunächst die Nr. 99 4401, bevor sie ab 1956 als 99 4301 im Einsatz war. Der in Burg stationierte Dreikuppler übernahm hier den Rangierdienst und wurde nach der Stilllegung der ehemaligen KJ I 1965 an die Ballerstedt KG in Pretzin verkauft. Dort war sie bis 1967 im Einsatz. Seit Sommer 1975 steht die kleine Lok als Denkmal in Gommern.

Baureihe 99⁴⁵⁰
(Privatbahnlok der Prignitzer Kreiskleinbahnen)

Technische Daten

Bauart	C n2t
Betriebsgattung	K 33.5
Lange ü. Puffer	6.200 mm
Höchstgeschwindigkeit v/r	30/30 km/h
Zylinderdurchmesser	250 mm
Kolbenhub	380 mm
Treib- und Kuppelraddurchmesser	750 mm
Kesselüberdruck	12 kp/cm²
Rostfläche	0,55 m²
Verdampfungsheizfläche	26,71 m²
Dienstmasse (2/3 Vorräte)	15,5 t
Brennstoffvorrat	0,5 t
Wasserkasteninhalt	2 m³
effektive Leistung	85 PS$_e$
indizierte Zugkraft	2,3 Mp

Die Prignitz, ein Landstrich im Nord-Westen Brandenburgs, wurde durch die Schmalspurstrecken der Ostprignitzer Kreiskleinbahnen (Kyritz–Hoppenrade/ Breddin, Lindenberg–Pritzwalk) und der Westprignitzer Kreiskleinbahnen (Lindenberg–Kreuzweg, Perleberg–Hoppenrade, Viesecke–Glöwen) erschlossen. Für den Betrieb genügten für viele Jahre kleine, dreifach gekuppelte Tenderloks, von denen zwischen 1897 und 1900 die SMF vier Stück geliefert hatte.

Der Kessel der gedrungenen Maschine ruhte auf einem genieteten Blechrahmen. Die Vorräte lagerten in den seitlichen Behältern links und rechts neben dem Kessel.

Die DR übernahm 1949 noch drei Maschinen in ihren Bestand. Die 99 4503 blieb, von einigen Gastspielen abgesehen, weiterhin in der Prignitz im Einsatz. Die Lok erhielt im Zuge einer Generalreparatur in den 60er-Jahren noch einen geschweißten Kessel. Nur wenige Jahre später wurde sie 1969 nach der Stilllegung der Prignitzer Schmalspurbahnen ausgemustert. Ein Lokführer aus der Nähe von Berlin erwarb 1974 die jahrelang abgestellte 99 4503, die heute im Kleinbahnmuseum Gramzow steht.

Baureihe 99⁴⁵¹ (GR-Lok der DR)

Foto: Endisch

Technische Daten

Bauart	C n2t
Betriebsgattung	K 33.5
Lange ü. Puffer	6.045 mm
Höchstgeschwindigkeit v/r	25/25 km/h
Zylinderdurchmesser	250 mm
Kolbenhub	330 mm
Treib- und Kuppelraddurchmesser	780 mm
Kesselüberdruck	14 kp/cm²
Rostfläche	0,71 m²
Verdampfungsheizfläche	25,1 m²
Dienstmasse (2/3 Vorräte)	18,1 t
Brennstoffvorrat	0,75 t
Wasserkasteninhalt	1,8 m³
effektive Leistung	80 PS$_e$
indizierte Zugkraft	2,2 Mp

Auf eine einmalige Geschichte kann die 99 4511 zurückblicken. Hinter der ursprünglichen 99 4511 verbarg sich eine 1899 gebaute C1´n2-Tenderlok der Kleinbahn Rathenow-Senzke-Nauen. Nach der Einstellung des Zugverkehrs 1961 wurde die 99 4511 nach Rügen umgesetzt. 1964 musste die Lok aufgrund irreparabler Kesselschäden abgestellt werden.

Das Raw Görlitz erhielt den Auftrag die 99 4511 im Rahmen einer so genannten Großteilerneuerung zu modernisieren. Außer den Lokschildern und kleineren Teilen blieb von der alten 99 4511 aber nichts übrig. Nicht nur der Kessel war neu sondern auch Rahmen, Radsätze, Führerhaus, Vorratsbehälter und Stangen. So entstand in Görlitz bis 1966 aus der C1´n2- eine C n2-Tenderlok. Ihre Kosten dürfte die 99 4511 aber nicht wieder eingefahren haben. Nach einem kurzen Einsatz auf der Insel Rügen kam die Lok 1966 in die Prignitz, wo sie bis zur Stilllegung im Sommer 1969 im Einsatz stand. Danach diente sie noch als Reservelok für die Strecke Glöwen–Havelberg, bevor sie 1971 ausgemustert wurde. Von der geplanten Verschrottung nahm die DR aber wieder Abstand und verkaufte die 99 4511 in die Bundesrepublik. Heute gehört die Lok der IG Preßnitztalbahn, die die 99 4511 Pfingsten 2002 wieder in Betrieb nimmt.

Baureihe 99⁴⁵³ (Privatbahnlok der Trusebahn)

Foto: Endisch

Technische Daten

Bauart	D n2t
Betriebsgattung	K 44.5
Länge ü. Puffer	6.930 mm
Höchstgeschwindigkeit v/r	25/25 km/h
Zylinderdurchmesser	300 mm
Kolbenhub	400 mm
Treib- und Kuppelraddurchmesser	750 mm
Kesselüberdruck	12 kp/cm²
Rostfläche	0,8 m²
Verdampfungsheizfläche	35,9 m²
Dienstmasse (2/3 Vorräte)	21,0 t
Brennstoffvorrat	0,8 t
Wasserkasteninhalt	2 m³
effektive Leistung	120 PS$_e$
indizierte Zugkraft	3,45 Mp

Die Trusebahn beschaffte für den Verkehr auf der Schmalspurbahn Wernshausen–Herges-Vogtei in Thüringen 1908 und 1924 je eine vierfachgekuppelte Nassdampflok von O&K. Die zugstarken Maschinen besaßen einen genieteten Kessel und einen Außenrahmen. Typisch für die beiden Loks waren die radial einstellbaren Endachsen der Bauart Klien-Lindner. Die als GLÜCK AUF und TRUSETAL bezeichneten Loks wurden 1950 von der DR als 99 4531 und 4532 übernommen.

Mit der Zunahme des Güterverkehrs auf der Truse-talbahn Anfang der 50er-Jahre waren die beiden Maschinen aber überfordert. Nach dem Eintreffen von drei Loks der BR 99⁷⁷⁻⁷⁹ hatten die inzwischen verschlissenen Vierkuppler in Thüringen ausgedient. Mit Teilen ihrer Schwestermaschine wurde die 99 4532 zwischen 1958 und 1962 im Raw Meiningen wieder aufgearbeitet. Dabei wurden die Klien-Lindner-Hohlachsen ausgebaut und durch normale Achsen ersetzt. Nach einem kurzen Gastspiel auf der Insel Rügen übernahm 1963 das Bw Zittau die kleine Lok, wo sie als Rangierlok im Schmalspurteil des Bahnhofs genutzt wurde. Nach anfänglichen Schwierigkeiten erwies sie sich aufgrund ihrer Sparsamkeit und der guten Bedienbarkeit als geradezu ideal. Erst im Oktober 1989 hatte die 99 4532 als »Zittauer Hofdame« ausgedient.

Foto: Krantz, Slg. Endisch

Technische Daten

Bauart	D h2t
Betriebsgattung	K 44.6
Lange ü. Puffer	8.000 mm
Höchstgeschwindigkeit v/r	30/30 km/h
Zylinderdurchmesser	350 mm
Kolbenhub	400 mm
Treib- und Kuppelraddurchmesser	850 mm
Kesselüberdruck	12 kp/cm^2
Rostfläche	0,9 m^2
Verdampfungsheizfläche	33,77 m^2
Dienstmasse (2/3 Vorräte)	25,2 t
Brennstoffvorrat	0,8 t
Wasserkasteninhalt	2,2 m^3
effektive Leistung	180 PS$_e$
indizierte Zugkraft	4,1 Mp

Für den ständig steigenden Personenverkehr auf der Strecke Putbus–Göhren benötigten die Rügenschen Kleinbahnen (RüKB) Anfang des 20. Jahrhunderts schnellere und stärkere Loks. Aus diesem Grund bestellten die RüKB bei der Firma Vulcan eine D n2-Tenderlok. 1913 lieferte das Stettiner Unternehmen die erste Maschine ab, ein Jahr später folgte eine zweite Lok. Da inzwischen der Heißdampf seinen Siegeszug angetreten hatte, gaben die RüKB jetzt auch eine Heißdampflok in Auftrag. Die 1925 in Dienst gestellte Lok bewährte sich so gut, dass 1927 auch die beiden anderen auf Heißdampf umgebaut wurden. In ihrer Gestaltung erinnern die Maschinen an die späteren ELNA-Konstruktionen. Der zwischen den Rahmenwangen hängende Wasserkasten gibt ihnen ihr typisches Aussehen.

Die als 51^M bis 53^M bezeichneten Loks waren die stärksten der RüKB. Sie waren meist auf den Relationen Putbus–Göhren und Bergen–Wittower Fähre im Einsatz. Die DR übernahm 1949 alle drei und setzte sie nach wie vor auf dem »Rasenden Roland« ein. In den 80er-Jahren bereiteten die Kessel immer größere Schwierigkeiten in der Unterhaltung. Nachdem die DR Loks der BR 99[77–79] nach Rügen umgesetzt hatte, wurde die 99 4631 nach Lehrte verkauft. Die 99 4632 und 4633 erhielten Anfang der 90er-Jahre neue Kessel.

Baureihe 99⁴⁶⁴ (Privatbahnlok der KJ I; GR-Lok der DR)

Technische Daten

Bauart	D n2t
Betriebsgattung	K 44.6
Länge ü. Puffer	7.800 mm
Höchstgeschwindigkeit v/r	30/30 km/h
Zylinderdurchmesser	340 mm
Kolbenhub	350 mm
Treib- und Kuppelraddurchmesser	800 mm
Kesselüberdruck	12 kp/cm²
Rostfläche	1,14 m²
Verdampfungsheizfläche	48,33 m²
Dienstmasse (2/3 Vorräte)	23,7 t
Brennstoffvorrat	1,1 t
Wasserkasteninhalt	4,0 m³
effektive Leistung	160 PS$_e$
indizierte Zugkraft	3,6 Mp

In der zweiten Hälfte der 20er-Jahre benötigte die Kleinbahn des Kreises Jerichow I (KJ I) dringend Loks. Da Neulieferungen aufgrund der geplanten Umspurung wirtschaftlich nicht vertretbar waren, erwarb die KJ I 1926 von der Rosenberger Kreisbahn zwei gebrauchte D n2-Tenderloks. Die als Nr. 15 und Nr. 16 bezeichneten Maschinen entsprachen weitgehend den Vierkupplern der KJ I. Deutlicher Unterschied zwischen beiden Typen war allerdings der Außenrahmen mit den oberhalb der Achslager montierten Tragfedern der beiden Rosenberger Loks. Die DR gab den beiden Maschinen die Nummern 99 4641 und 99 4644. Ab 1963 modernisierte das Raw Görlitz die beiden Loks. Dabei erhielten sie einen neuen geschweißte Kessel, neue Vorratsbehälter und ein neues Führerhaus.

Nach der Stilllegung des Burger Netzes fanden beide Loks in der Prignitz eine neue Heimat. Als auch hier der Schienenverkehr endete, kam die 99 4644 auf die Insel Rügen. Nach ihrer Ausmusterung stellten Eisenbahner die 99 4644 im Bw Neustrelitz. Seit 1994 gehört sie dem Museum Lindenberg.

Baureihe 99⁴⁷⁰ (Privatbahnlok der Prignitzer Kreiskleinbahnen; GR-Lok der DR)

Technische Daten

Bauart	C n2t
Betriebsgattung	K 33.7
Länge ü. Puffer	6.410 mm
Höchstgeschwindigkeit v/r	35/35 km/h
Zylinderdurchmesser	265 mm
Kolbenhub	360 mm
Treib- und Kuppelraddurchmesser	800 mm
Kesselüberdruck	12 kp/cm²
Rostfläche	0,71 m²
Verdampfungsheizfläche	26,38 m²
Dienstmasse (2/3 Vorräte)	18,2 t
Brennstoffvorrat	0,8 t
Wasserkasteninhalt	1,8 m³
effektive Leistung	90 PS$_e$
indizierte Zugkraft	2,3 Mp

Zur Ergänzung ihres Fahrzeugparks beschafften die Ost- und Westprignitzer Kreiskleinbahnen 1914 bei der Firma Henschel jeweils eine C n2-Tenderlok. Aufgrund ihrer deutlich größeren Reibungsmasse wurden die als Nr. 18 und 19 bezeichneten Maschinen hauptsächlich im Rollbockverkehr auf der Strecke Lindenberg–Glöwen eingesetzt. In puncto Leistung überzeugten die Loks zwar, doch der Wasservorrat erwies sich als etwas zu knapp bemessen. Die DR übernahm nur noch die Nr. 19 als 99 4701 in ihren Bestand. Von Perleberg aus kam die Lok weiterhin auf ihren angestammtem Strecken zum Einsatz. Da die DR auf die 99 4701 nicht verzichten konnten, wurde sie Anfang der 60er-Jahre im Zuge einer Generalreparatur im Raw Görlitz gründlich modernisiert. Anschließend kam die Maschine meist auf der Strecke Glöwen–Havelberg zum Einsatz, wo sie auch die letzten Reisezüge am 26. September 1971 bespannte. Danach musterte die DR die 99 4701 aus und verkaufte sie 1976 in die Bundesrepublik.

Baureihe 99⁴⁶⁵ (Heeresfeldbahnlok)

Foto: Reiners

Technische Daten

Bauart	C n2
Betriebsgattung	K 33.6
Länge ü. Puffer (Tender 2 T 6,6)	9.940 mm
Höchstgeschwindigkeit v/r	30/30 km/h
Zylinderdurchmesser	300 mm
Kolbenhub	350 mm
Treib- und Kuppelraddurchmesser	700 mm
Kesselüberdruck	13 kp/cm²
Rostfläche	0,73 m²
Verdampfungsheizfläche	30,2 m²
Dienstmasse (2/3 Vorräte)	29,5 t
Brennstoffvorrat	3,6 t
Wasserkasteninhalt	6,6 m³
effektive Leistung	100 PS$_e$
indizierte Zugkraft	3,5 Mp

Die deutsche Wehrmacht gab während des Zweiten Weltkrieges für ihre Heeresfeldbahnen eine dreifach-gekuppelte Nassdampf-Tenderlok in Auftrag. Henschel, Krauss-Maffei, Jung und CKD lieferten ab 1941 rund 100 Exemplare dieser als HF 110 bezeichneten Type, die meist mit einem zweiachsigen Schlepptender ausgerüstet war.

Nach 1945 verblieben die Maschinen in Deutschland, Österreich, Jugoslawien und der Sowjetunion. Die Jüterbog-Luckenwalder Kreiskleinbahnen (JLKB) übernahmen zwischen 1946 und 1948 drei dieser robusten und pflegeleichten Lokomotiven. Die DR reihte sie als 99 4651–4653 in ihren Bestand ein. Zwischen 1964 und 1965 wurden die drei Maschinen zur Insel Rügen umgesetzt. Einzig die 99 4652 entging dem Schneidbrenner. Sie wurde 1969 ausgemustert; fünf Jahre später erwarb ein Privatmann aus Bielefeld die Lok. Bevor sie in die Bundesrepublik ging, wurde sie im Bw Wernigerode Westerntor Instand gesetzt.

Die ÖBB, die Salzkammergut-Lokalbahn und die Steiermärkischen Landesbahnen musterten die meisten ihrer HF 110 bereits in der zweiten Hälfte der 50er-Jahren aus. Hinter der betriebsfähigen »Nicki+Frank S«, die in Putbus stationiert ist, verbirgt sich die ehemalige 798.101 der ÖBB, die 1972 den Dienst quittierte.

Baureihe 99⁴⁸⁰ (Privatbahnlok der KJ I)

Foto: Endisch

Technische Daten

Bauart	1 D h2t
Betriebsgattung	K 45.8
Lange ü. Puffer	9.440 mm
Höchstgeschwindigkeit v/r	40/40 km/h
Zylinderdurchmesser	360 mm
Kolbenhub	410 mm
Treib- und Kuppelraddurchmesser	850 mm
Laufraddurchmesser v	500 mm
Kesselüberdruck	13 kp/cm²
Rostfläche	0,9 m²
Verdampfungsheizfläche	44,6 m²
Dienstmasse (2/3 Vorräte)	29,7 t
Brennstoffvorrat	1,25 t
Wasserkasteninhalt	3,5 m³
effektive Leistung	225 PS$_e$
indizierte Zugkraft	4,9 Mp

Nachdem in der zweiten Hälfte der 30er-Jahre die Bemühungen der Kleinbahn des Kreises Jerichow I (KJ I) zur Umspurung ihrer Strecken Burg–Ziesar West, Burg–Lübars und Magdeburgerforth–Loburg–Gommern auf Regelspur aus finanziellen Gründen endgültig gescheitert waren, mussten umgehend neue Loks beschafft werden. Anfang 1938 bestellte KJ I bei Henschel in Kassel zwei moderne 1´D h2-Tenderloks mit einer Höchstgeschwindigkeit von 45 km/h. Im Frühjahr 1939 konnte die KJ I die beiden Maschinen in Dienst stellen.

Die sehr eleganten Lokomotiven hatten einen robusten Blechrahmen, der den großzügig dimensionierten Kessel trug. Der kleine Krempenschornstein war das Markenzeichen der als Nr. 20 und 21 bezeichneten Loks. Sie waren die stärksten und schnellsten Fahrzeuge der KJ I. Der 1948 vorgenommene Umbau der 99 4802 in eine D h2-Tenderlok erwies sich zwar als Fehlschlag, wurde aber erst 1964 wieder rückgängig gemacht.

Die DR setzte die als 99 4801 und 4802 bezeichneten Loks nach der Stilllegung der ehemaligen KJ I 1965 zur Insel Rügen um. Noch heute sind sie hier – inzwischen mit neuen Kesseln ausgerüstet – im Einsatz.

Baureihe 99³² (Einheitslok)

Foto: Reiners

Technische Daten

Bauart	1´D1´h2t
Betriebsgattung	K 46.8
Länge ü. Puffer	10.595 mm
Höchstgeschwindigkeit v/r	50/50 km/h
Zylinderdurchmesser	380 mm
Kolbenhub	550 mm
Treib- und Kuppelraddurchmesser	1.100 mm
Laufraddurchmesser v/h	550/550 mm
Kesselüberdruck	14 kp/cm²
Rostfläche	1,6 m²
Verdampfungsheizfläche	60,54 m²
Dienstmasse (2/3 Vorräte)	41,62 t
Brennstoffvorrat	1,7 t
Wasserkasteninhalt	4,25 m³
indizierte Leistung	460 PS_i
indizierte Zugkraft	5,3 Mp

Ende der 20er-Jahre konnte die Rbd Schwerin nur noch mit Mühe den Verkehr auf der Schmalspurbahn Bad Doberan–Kühlungsborn West aufrechterhalten. Die hier eingesetzten Maschinen waren für den Personenverkehr in den Sommermonaten zu langsam und zu schwach. Das Reichsbahn-Zentralamt in Berlin kannte die Probleme und genehmigte der RBD Schwerin die Beschaffung von drei modernen 1´D1´h2-Tenderloks, die sich in Technik und Ausrüstung an die Einheitsloks anlehnen sollten.

O&K lieferte schließlich 1932 die drei Maschinen aus. Obwohl die Molli-Loks als Einheitslok bezeichnet werden, unterscheiden von diesen deutlich durch ihren genieteten Blechrahmen und die Konstruktion des Kessels. Typisch für die eleganten Maschinen sind die im oberen Teil abgeschrägten Führerhäuser. Sie sind dem Lichtraumprofil in Bad Doberan geschuldet. Ungewöhnlich war auch der Treibraddurchmesser: Dank der 1.100 mm großen Räder sind die Loks für 50 km/h zugelassen. Damit sind sie gemeinsam mit der 99 6001 die schnellsten deutschen Schmalspur-Dampfloks.

Die Maschinen erfüllten von Beginn an die in sie gesetzten Erwartungen. Bis heute sind sie – nun mit neuen Kesseln ausgerüstet – das Rückgrat in der Zugförderung auf Deutschlands einziger öffentlichen 900 mm-Schmalspurbahn.

Baureihe 99³³ (Werklok der SDAG Wismut)

Foto: Reiners

Technische Daten

Bauart	D h2t
Betriebsgattung	K 44.8
Lange ü. Puffer	8.860 mm
Höchstgeschwindigkeit v/r	35/35 km/h
Zylinderdurchmesser	370 mm
Kolbenhub	400 mm
Treib- und Kuppelraddurchmesser	800 mm
Kesselüberdruck	14 kp/cm²
Rostfläche	1,6 m²
Verdampfungsheizfläche	42,89 m²
Dienstmasse (2/3 Vorräte)	30,5 t
Brennstoffvorrat	2,2 t
Wasserkasteninhalt	3,4 m³
effektive Leistung	230 PS$_e$
indizierte Zugkraft	5,75 Mp

Nach der Indienststellung der Baureihe 99³² hielt die Reichsbahn für den Verkehr auf der Strecke Bad Doberan–Kühlungsborn West noch drei 1923 gebaute Vierkuppler als Reserve vor. Diese Maschinen hatten in der zweiten Hälfte der 50er-Jahre allerdings die Grenze ihrer Lebensdauer erreicht. Aus diesem Grund kaufte die DR im Frühjahr 1958 von der SDAG Wismut zwei gebrauchte Vierkuppler, die als BR 99³³ bezeichnet wurden.

Die Loks entstammen einem 1949 ausgearbeiteten Typenprogramm für Werkbahnloks des LKM Babelsberg. Die Maschinen besaßen einen geschweißten Blechrahmen und einen Kessel in Schweißkonstruktion und konnten je nach Wunsch des Bestellers in Spurweiten von 750 bis 1524 mm geliefert werden. 1959 kaufte die DR eine dritte Lok. Bevor die Maschinen jedoch auf dem Molli eingesetzt werden konnten, mussten sie mit neuen, oben abgeschrägten Führerhäusern, einer Druckluftbremse und einem Läutewerk der Bauart Knorr ausgerüstet werden. 1961 baute das Raw Görlitz die 99 331 und 332 von Nass- auf Heißdampf um. Die 99 333 blieb eine Nassdampflok und wurde 1968 ausgemustert.

Die beiden anderen Maschinen sind bis heute erhalten geblieben. Während die 99 332 als Schaustück in Kühlungsborn West steht, wird die 99 331 weiterhin als Betriebsreserve vorgehalten.

Baureihe 99¹⁶ (Länderbahnlok, sächsische I M)

Technische Daten

Bauart	B´B´ n4vt
Betriebsgattung	K 44.10
Lange ü. Puffer	10.840 mm
Höchstgeschwindigkeit v/r	30/30 km/h
Zylinderdurchmesser (HD/ND)	280/430 mm
Kolbenhub	380 mm
Treib- und Kuppelraddurchmesser	760 mm
Kesselüberdruck	14 kp/cm²
Rostfläche	2 x 0,946 m²
Verdampfungsheizfläche	79,95 m²
Dienstmasse (2/3 Vorräte)	41,8 t
Brennstoffvorrat	1,4 t
Wasserkasteninhalt	3,2 m³
effektive Leistung	260 PS$_e$
indizierte Zugkraft	5,82 Mp

Die kurvenreiche, 5,4 km lange Schmalspurbahn von Reichenbach nach Oberrheinsdorf beschafften die K.Sächs.Sts.E. 1902 drei Doppellokomotiven der Bauart Fairlie. Typisch für sie sind die beiden Kessel mit dem gemeinsamen Stehkessel und der in der Mitte liegenden Führerstand. Die K.Sächs.Sts.E. hatten sich für diese aufwändige Bauart entscheiden, da die Schmalspurbahn Radien bis zu 15 m aufwies. Da die Strecke zu einem großen Teil durch die Orte verlief, hatten die K.Sächs.Sts.E. die Maschinen mit Triebwerksverkleidungen und einer Galerie (ähnlich den Straßenbahnloks) ausrüsten lassen. Diese Verkleidung sorgte aber für erhebliche Schwierigkeiten beim Ergänzen der Vorräte und im Sommer für z.T. unzumutbare Arbeitsbedingungen. Die DRG rüstet die Maschinen deshalb in den 20er-Jahren mit einem neuen Führerhaus aus. Ein weiteres Problem waren die häufigen Undichtigkeiten an den beweglichen dampfführenden Leitung der Drehgestelle. Dennoch blieben die zwei Maschinen bis 1963 im Einsatz. Die 99 162 blieb der Nachwelt erhalten.

Baureihe 99²⁵ (Privatbahnlok der LAG)

Technische Daten

Bauart	C1´n2t
Betriebsgattung	K 34.6
Lange ü. Puffer	7.600 mm
Höchstgeschwindigkeit v/r	35/35 km/h
Zylinderdurchmesser	290 mm
Kolbenhub	280 mm
Treib- und Kuppelraddurchmesser	720 mm
Laufraddurchmesser h	560 mm
Kesselüberdruck	12 kp/cm²
Rostfläche	0,56 m²
Verdampfungsheizfläche	31,2 m²
Dienstmasse (2/3 Vorräte)	17,4 t
Brennstoffvorrat	0,8 t
Wasserkasteninhalt	2,3 m³
effektive Leistung	105 PS$_e$
indizierte Zugkraft	2,35 Mp

Für die Walhallabahn von Regensburg nach Wörth kaufte die Lokalbahn AG 1902 von Krauss in München eine C 1´n2-Tenderlok. Der kleine, langgestreckte Kessel und der hohe Krempenschornstein gaben der Maschine ein charakteristisches Erscheinungsbild. Da der zwischen den Rahmenwangen angeordnete Wasserkasten zu klein war, wurde die Lok später mit zwei zusätzlichen seitlichen Behältern ausgerüstet. 1904 und 1908 kaufte die LAG noch zwei baugleiche Maschinen, die nun die Hauptlast des Reise- und Güterverkehrs auf der Walhallabahn trugen. Mit der Verreichlichung der LAG kamen 1938 die drei Tenderloks zur Reichsbahn, die sie als 99 251–253 bezeichnete.

Erst in den 50er-Jahre zeichnete sich das Ende für die drei Dampfloks ab. Die Dieselloks der Baureihe V 29 übernahmen nun ihre Aufgaben. Als Letzte musterte die Deutsche Bundesbahn am 8. August 1960 die 99 253 aus, die schließlich sechs Jahre später als Denkmal vor der Bundesbahndirektion Regensburg Verwendung fand. Heute steht sie im Stadtteil Stadtamhof.

Baureihe 99²¹ (Neubaulok DRG)

Foto: Krantz

Technische Daten

Bauart	C n2t
Betriebsgattung	K 33.6
Länge ü. Puffer	6.400 mm
Höchstgeschwindigkeit v/r	40/40 km/h
Zylinderdurchmesser	310 mm
Kolbenhub	400 mm
Treib- und Kuppelraddurchmesser	800 mm
Kesselüberdruck	14 kp/cm²
Rostfläche	0,6 m²
Verdampfungsheizfläche	29,1 m²
Dienstmasse (2/3 Vorräte)	18,3 t
Brennstoffvorrat	0,75 t
Wasserkasteninhalt	1,8 m³
effektive Leistung	95 PS$_e$
indizierte Zugkraft	4,0 Mp

Erhebliches Kopfzerbrechen bereitete der RBD Oldenburg Mitte der 20er-Jahre der Verkehr auf der Inselbahn Wangerooge. Die ständig steigenden Zuglasten konnten mit den vorhandenen Zweikupplern nicht mehr bewältigt werden. Da das Reichsbahn-Zentralamt die Neukonstruktion einer einzigen Maschine als viel zu teuer ablehnte, überließ man der RBD Oldenburg die Beschaffung einer geeigneten Lok. Bei der Firma Henschel gab die RBD Oldenburg schließlich eine einfache aber robuste C n2-Tenderlok in Auftrag, die 1929 auf der Nordseeinsel eintraf.

Die Lok besaß einen genieteten Kessel und einen Blechrahmen, dessen vorderer Teil als Wasserkasten ausgebildet war. Die drei Kuppelachsen lagerten fest im Rahmen, die Federn saßen oberhalb des Rahmens. Weiterhin erhielt die Lok eine Hand- und eine Dampfbremse, ein durchgehende Zugbremse gab es nicht.

Mit ihrer Reibungsmasse von 18,3 t und ihrer effektiven Leistung von 95 PS war die 99 211 die stärkste Dampflok auf Wangerooge. Sie trug nun für viele Jahre die Hauptlast des Verkehrs. Erst als die ersten Dieselloks eintrafen, hatte die 99 211 ausgedient. Ab Mitte der 50er-Jahre diente sie nur noch als Betriebsreserve. Nach ihrer Ausmusterung erwarb die Gemeinde Wangerooge die 99 211 und stellte sie als Denkmal neben dem Leuchtturm auf.

Baureihe 99²² (Einheitslok)

Foto: Dehnke, Slg. Endisch

Technische Daten

Bauart	1´E 1´h2t
Betriebsgattung	K 57.10
Lange ü. Puffer	11.636 mm
Höchstgeschwindigkeit v/r	40/40 km/h
Zylinderdurchmesser	500 mm
Kolbenhub	500 mm
Treib- und Kuppelraddurchmesser	1.000 mm
Laufraddurchmesser v/h	550/550 mm
Kesselüberdruck	14 kp/cm$_2$
Rostfläche	1,78 m²
Verdampfungsheizfläche	95,9 m²
Dienstmasse (2/3 Vorräte)	62,2 t
Brennstoffvorrat	3,0 t
Wasserkasteninhalt	8 m³
indizierte Leistung	700 PS$_i$
indizierte Zugkraft	10,5 Mp

Nach dem die RBD Dresden für ihre 750 mm-Schmalspurbahnen eine moderne Einheitslok erhalten hatte, meldete Ende der 20er-Jahre die RBD Erfurt Bedarf an einer Einheitsmaschine für 1000 mm Spurweite an. Das Reichsbahn-Zentralamt gab den Wünschen nach und beauftragte die BMAG mit der Entwicklung einer 1´E1´h2-Tenderlok, die auch auf den Meterspurstrecken in Bayern, Baden und Württemberg eingesetzt werden konnte.

Bereits 1931 lieferte die BMAG die drei Maschinen der Baureihe 99²² aus. Wie alle Einheitsloks besaßen auch diese Maschinen einen robusten Barrenrahmen und einen Oberflächenvorwärmer. Der Kessel entsprach dem Dampferzeuger der BR 81.

Die auf der Strecke Eisfeld–Schönbrunn eingesetzten Maschinen überzeugten in Sachen Leistung und Zugkraft. 1944 musste die RBD Erfurt zwei Maschinen nach Norwegen abgeben. Lediglich die 99 222 verblieb in ihrer alten Heimat. 1966 wurde sie zum Bw Wernigerode Westerntor umgesetzt. Ende 1973 änderte sich das Erscheinungsbild der 99 222 grundlegend – das Raw Görlitz ersetzte den Oberflächenvorwärmer durch einen voluminösen Mischvorwärmer. Ein Zylinderriss beendete 1988 fürs erste die Karriere der Lok. Seit Anfang 1991 ist die 99 222 wieder betriebsfähig. Die HSB ließen die Lok 1999 wieder mit einem Oberflächenvorwärmer ausrüsten.

Baureihe 99²³⁻²⁴ (Neubaulok DR)

Foto: Reiners

Technische Daten

Bauart	1´E 1´h2t
Betriebsgattung	K 57.10
Länge ü. Puffer	11.730 mm
Höchstgeschwindigkeit v/r	40/40 km/h
Zylinderdurchmesser	500 mm
Kolbenhub	500 mm
Treib- und Kuppelraddurchmesser	1.000 mm
Laufraddurchmesser v/h	550/550 mm
Kesselüberdruck	14 kp/cm²
Rostfläche	2,8 m²
Verdampfungsheizfläche	95,5 m²
Dienstmasse (2/3 Vorräte)	60,5 t
Brennstoffvorrat	4,0 t
Wasserkasteninhalt	8 m³
indizierte Leistung	700 PS$_i$
indizierte Zugkraft	10,5 Mp

Für den Betrieb auf den Strecken Eisfeld–Schönbrunn und Nordhausen–Wernigerode fehlten der DR Anfang der 50er-Jahre leistungsfähige Lokomotiven. In Anlehnung an die BR 99²² gab die Reichsbahn deshalb beim LKM Babelsberg die BR 99²³⁻²⁴ in Auftrag. Die ersten der insgesamt 17 Maschinen wurden 1954 in Dienst gestellt.

Die Neubau-Dampfloks besaßen im Unterschied zur 99²² einen geschweißten Blechrahmen, einen geschweißten Kessel mit einer größeren Rostfläche und einen Mischvorwärmer. Allerdings gab es in den ersten Jahren erhebliche Schwierigkeiten mit den Maschinen. Vor allem am Laufwerk waren zahlreiche Änderungen notwendig, bis die Maschinen anstandslos durch die engen Kurven der Harzquerbahn liefen.

Die Rbd Erfurt erhielt vier Loks, die alle in Eisfeld stationiert waren. 1973 kamen auch sie zum Bw Wernigerode Westerntor. Drei Jahre später begann die DR mit dem Umbau der Maschinen auf Ölhauptfeuerung, der bis 1980 abgeschlossen war. Ab 1982 musste das Raw Görlitz die Loks aufgrund der Ölkrise wieder auf Kohlefeuerung zurückbauen.

Alle 17 Maschinen gehören heute der HSB, die sie nach wie vor im planmäßigen Zugdienst einsetzt. Auf der Strecke Wernigerode–Brocken stellen sie ihre Leistungsfähigkeit eindrucksvoll unter Beweis.

Baureihe 99⁵⁶⁰ (Privatbahnlok der FKB)

Foto: Krantz

Technische Daten

Bauart	B n2t
Betriebsgattung	K 22.6
Lange ü. Puffer	5.800 mm
Höchstgeschwindigkeit v/r	30/30 km/h
Zylinderdurchmesser	210 mm
Kolbenhub	400 mm
Treib- und Kuppelraddurchmesser	800 mm
Kesselüberdruck	12 kp/cm²
Rostfläche	0,4 m²
Verdampfungsheizfläche	20,5 m²
Dienstmasse (2/3 Vorräte)	12,0 t
Brennstoffvorrat	0,45 t
Wasserkasteninhalt	1,5 m³
effektive Leistung	65 PS$_e$
indizierte Zugkraft	1,6 Mp

Das Eisenbahnbau- und Betriebsunternehmen Lenz & Co aus Stettin hatte für seine Kleinbahnen eine Reihe genormter Lokomotiv-Typen entwickelt. Dazu gehörten auch die zweiachsigen Nassdampftenderloks der Gattung »i«, die auf verschiedenen Meterspurbahnen zum Einsatz kamen. Insgesamt sechs dieser Maschinen lieferte die Firma Vulcan 1893/94 an die Franzburger Kreisbahnen (FKB).

Die robusten Lokomotiven besaßen einen als Wasserkasten ausgebildeten Rahmen und einen genieteten Kessel, der keinen Reglerdom besaß. Eine einfache Reglerbüchse mit angeflanschtem Sicherheitsventil genügte. Das Dampfläutewerk auf dem Kessel und der hohe Schornstein gaben der Gattung »i« ein unverwechselbares Aussehen. Die Lok konnte nur mit einer Wurfhebelbremse gebremst werden. Die sechs Maschinen trugen über Jahre hinweg die Hauptlast des Verkehrs auf der FKB. Die DR reihte die kleinen Zweikuppler als 99 5601–5606 in ihren Bestand ein. Zwei Loks, die 99 5605 und 5606 blieben bis 1968 im Einsatzbestand der DR. Beide blieben erhalten: Während die 99 5606 als Denkmal bei den Ernst-Paul-Lehmann-Patentwerken in Nürnberg steht, setzt der DEV die vorbildlich restaurierte 99 5605 als »Franzburg« regelmäßig vor Museumszügen zwischen Bruchhausen-Vilsen und Asendorf ein.

Baureihe 99⁵⁶³ (Privatbahnlok der FKB)

Technische Daten

Bauart	1´C n2t
Betriebsgattung	K 45.6
Lange ü. Puffer	7.000 mm
Höchstgeschwindigkeit v/r	40/40 km/h
Zylinderdurchmesser	300 mm
Kolbenhub	400 mm
Treib- und Kuppelraddurchmesser	850 mm
Laufraddurchmesser v	600 mm
Kesselüberdruck	12 kp/cm²
Rostfläche	0,754 m²
Verdampfungsheizfläche	34,5 m²
Dienstmasse (2/3 Vorräte)	22,0 t
Brennstoffvorrat	1,0 t
Wasserkasteninhalt	2,4 m³
effektive Leistung	125 PS$_e$
indizierte Zugkraft	2,9 Mp

Eine ungewöhnliche Biographie hat die als »Spreewald« bezeichnete ehemalige 99 5633. Die Pillkaller Kleinbahn erwarb die Lok 1917 von der Firma Jung. In Ostpreußen war die Maschine als Nr. 23 bis 1944 im Einsatz. Als die Rote Armee 1944 Ostpreußen erreichte, wurde die Maschine gemeinsam mit anderen Fahrzeugen nach Westen abgefahren. Die Nr. 23 verblieb nach dem Zweiten Weltkrieg bei der Spreewaldbahn. Die DR reihte die Lok 1949 zunächst als 99 5621, ab 1952 als 99 5633 in ihren Bestand ein. Nach einer Hauptuntersuchung im Raw Görlitz kam die Maschine ab 1950 zum Einsatz. Allerdings spielte sie hier nur eine untergeordnete Rolle in Straupitz. Die 99 5633 gehörte zu den letzten betriebsfähigen Maschinen der Spreewaldbahn. Nachdem die Lok 1969 abgestellt worden war, zeigte der DEV Interesse an der Maschine. Nach einer Hauptuntersuchung im Bw Wernigerode Westerntor wurde sie als erste DR-Dampflok 1971 in die Bundesrepublik verkauft.

Baureihe 99⁵⁷⁰ (Privatbahnlok der Spreewaldbahn)

Technische Daten

Bauart	C n2t
Betriebsgattung	K 33.7
Lange ü. Puffer	6.600 mm
Höchstgeschwindigkeit v/r	35/35 km/h
Zylinderdurchmesser	300 mm
Kolbenhub	200 mm
Treib- und Kuppelraddurchmesser	900 mm
Kesselüberdruck	14 kp/cm²
Rostfläche	0,7 m²
Verdampfungsheizfläche	34,9 m²
Dienstmasse (2/3 Vorräte)	19,9 t
Brennstoffvorrat	1,0 t
Wasserkasteninhalt	2,4 m³
effektive Leistung	120 PS$_e$
indizierte Zugkraft	3,4 Mp

Die Lübben-Cottbuser Kreisbahnen beschafften zwischen 1897 und 1903 bei Hohenzollern insgesamt sieben C n2-Tenderloks. Die kleinen Maschinen besaßen einen genieteten Kessel mit Dampfdom. Der Blechrahmen der Maschinen war als Wasserkasten ausgebildet. Ursprünglich hatten die Loks nur eine Wurfhebelbremse und eine Seilhaspel für die Heberlein-Bremse. Die DR rüstete die Dreikuppler Anfang der 50er-Jahre allerdings mit einer Druckluftbremse der Bauart Knorr aus. Die links neben der Rauchkammer montierte zweistufige Luftpumpe und der rechts neben dem Kessel montierte Hauptluftbehälter gaben den Loks ein markantes Aussehen. Dazu gehörten auch die eckigen Ziffern der Nummernschilder

Die DR übernahm 1950 alle sieben Maschinen und reihte sie als 99 5701–5707 in ihren Bestand ein. Erst mit der schrittweisen Stilllegung der Schmalspurbahn hatten die Loks ausgedient. Den letzten Zug bespannte am 3. Januar 1970 die 99 5703. Sie blieb als einzige ihrer Baureihe erhalten und steht heute im Spreewaldmuseum Lübbenau.

Baureihe 99⁵⁹⁰ (Privatbahnlok der NWE)

Foto: Endisch

Technische Daten

Bauart	B´B n4vt
Betriebsgattung	K 44.9
Lange ü. Puffer	8.875 mm
Höchstgeschwindigkeit v/r	30/30 km/h
Zylinderdurchmesser (HD/ND)	285/425 mm
Kolbenhub	500 mm
Treib- und Kuppelraddurchmesser	1.000 mm
Kesselüberdruck	14 kp/cm²
Rostfläche	1,39 m²
Verdampfungsheizfläche	61,34 m²
Dienstmasse (2/3 Vorräte)	33,8 t
Brennstoffvorrat	1,5 t
Wasserkasteninhalt	5 m³
effektive Leistung	210 PS$_e$
indizierte Zugkraft	5,7 Mp

Zu den ältesten betriebsfähigen Dampfloks in Deutschland gehören die Maschinen der Baureihe 99⁵⁹⁰. Für den Betrieb auf den Harzquer- und Brockenbahn kaufte NWE zwischen 1897 und 1901 insgesamt zwölf Nassdampf-Verbundmaschinen der Bauart Mallet. Die Loks erwiesen sich mit ihrem hinteren festen Hochdrucktriebwerk und dem vorderen beweglichen Niederdrucktriebwerk auf den steigungs- und kurvenreichen Strecken des Harzes als geradezu ideal. Während des Ersten Weltkrieges musste die NWE sechs Maschinen an die Heeresfeldbahnen abgeben.

In den 20er-Jahren konnte die NWE aufgrund finanzieller Engpässe nicht genügend neue Loks beschaffen, so dass sie ihre alten Mallets in eigener Werkstatt modernisierte. Dabei wurden neue Kessel mit einem höheren Betriebsdruck eingebaut, wodurch die Leistung anstieg. Eine Maschinen musste Ende der 20er-Jahre nach einem Unfall verschrottet werden. Bis Mitte 50er-Jahre waren die noch verbliebenen fünf Mallets aus der Anfangszeit das Rückgrat in der Zugförderung. Nach dem Eintreffen der BR 99²³⁻²⁴ wurden die Mallet-Maschinen zur Selketalbahn umgesetzt, wo sie bis 1988 im Einsatz standen. Seit dem Einbau einer Druckluftbremse 1992 kommen die bestens gepflegten 99 5901 und 5902 nur noch vor Sonderzügen zum Einsatz.

Dampflok 99 5906
(Heeresfeldbahnlok, Privatbahnlok der NWE)

Foto: Endisch

Technische Daten

	99 5906	Lok 7s
Bauart	B´B n4vt	B´B n4vt
Betriebsgattung	K 44.9	-
Lange ü. Puffer	9.400 mm	8.950 mm
Höchstgeschwindigkeit v/r	30/30 km/h	45/45 km/h
Zylinderdurchmesser (HD/ND)	280/425 mm	280/425 mm
Kolbenhub	500 mm	500 mm
Treib- und Kuppelraddurchmesser	1.000 mm	1.000 mm
Kesselüberdruck	12 kp/cm²	12 kp/cm²
Rostfläche	1,36 m²	1,05 m²
Verdampfungsheizfläche	64,87 m²	67,49 m²
Dienstmasse (2/3 Vorräte)	34,4 t	34,0 t
Brennstoffvorrat	1,1 t	0,5 t
Wasserkasteninhalt	3,8 m³	3,5 m³
effektive Leistung	210 PS$_e$	210 PS$_e$
indizierte Zugkraft	4,9 Mp	4,9 Mp

Die kaiserlichen Heeresfeldbahnen bestellten während des Ersten Weltkrieges bei der Maschinenfabrik Karlsruhe (MBG) sieben Mallet-Lokomotiven. Die MBG griff bei der Entwicklung auf eine Konstruktion zurück, die sie bereits 1897 für die Albtalbahn entwickelt hatte. In den wichtigsten technischen Parametern stimmten beide Typen überein.

Erst im Herbst 1918 lieferte die MBG die sieben Maschinen an den Eisenbahn-Ersatzpark ab. Anfang 1919 übernahm das Reichsverwertungsamt die Loks. Die Nordhausen-Wernigroder Eisenbahn (NWE) benötigte dringend neue Maschinen, da die Abgaben an die Heeresfeldbahnen empfindliche Lücken hinterlassen hatte. Die NWE übernahm 1920 eine MBG-Lok und gab ihr die Nr. 41. Die DR bezeichnete die Lok als 99 5906. Eine der Albtalbahn-Maschinen blieb erhalten. Die Lok 7s wurde nach ihrer Ausmusterung auf einem Spielplatz aufgestellt. 1995 übernahm der DEV die Maschine.

Foto: Endisch

Technische Daten

Bauart	1´C1´h2t
Betriebsgattung	K 35.10
Lange ü. Puffer	8.910 mm
Höchstgeschwindigkeit v/r	50/50 km/h
Zylinderdurchmesser	420 mm
Kolbenhub	500 mm
Treib- und Kuppelraddurchmesser	1.000 mm
Laufraddurchmesser v/h	500/500 mm
Kesselüberdruck	14 kp/cm²
Rostfläche	1,56 m²
Verdampfungsheizfläche	72,0 m²
Dienstmasse (2/3 Vorräte)	45,3 t
Brennstoffvorrat	2,0 t
Wasserkasteninhalt	5,0 m³
effektive Leistung	430 PS$_e$
indizierte Zugkraft	7,4 Mp

In der zweiten Hälfte der 30er-Jahre musste die NWE ihren Fahrzeugpark grundlegend erneuern. Die Mallet-Maschinen aus der Anfangszeit der Bahn waren überlastet und nicht mehr wirtschaftlich. In Zusammenarbeit mit der Firma Krupp entwickelte die NWE deshalb ein Typenprogramm mit genormten 1´C1´-, 1´D1´- und 1´E1´-Tenderlokomotiven, mit denen das gesamte Leistungsspektrum abgedeckt werden konnte. Als Baumuster lieferte Krupp 1939 die 1´C1´-Maschine ab.

Die bullige Tenderlok war für eine Höchstgeschwindigkeit für 50 km/h zugelassen. Damit ist sie gemeinsam mit der BR 99³² die schnellste deutsche Schmalspur-Dampflok. Bei den Personalen erfreute sich die als Nr. 21 bezeichnete Lok aufgrund ihres verdampfungsfreudigen Kessels und der guten Laufeigenschaften großer Beliebtheit. Sie war den Mallet-Maschinen in puncto Leistung und Wirtschaftlichkeit deutlich überlegen. Der Zweite Weltkrieg verhinderte allerdings eine Serienfertigung. Die Nr. 21 blieb ein Einzelstück.

Die DR übernahm die Lok als 99 6001. Anfang der 60er-Jahre setzte das Bw Wernigerode die Maschine nach Gernrode um. Noch heute sie das planmäßige Zugpferd für die Dampfzüge auf der Selketalbahn.

Baureihe 99[61]
(Heeresfeldbahnlok, Privatbahnlok der NWE)

Foto: Pilkenrodt

Technische Daten

	99 6101	99 6102
Bauart	C h2t	C n2t
Betriebsgattung	K 33.11	K 33.11
Lange ü. Puffer	7.734 mm	7.734 mm
Höchstgeschwindigkeit v/r	30/30 km/h	30/30 km/h
Zylinderdurchmesser	430 mm	400 mm
Kolbenhub	400 mm	400 mm
Treib- und Kuppelraddurchmesser	800 mm	800 mm
Kesselüberdruck	14 kp/cm²	14 kp/cm²
Rostfläche	1,4 m²	1,5 m²
Verdampfungsheizfläche	51,36 m²	69,65 m²
Dienstmasse (2/3 Vorräte)	30,3 t	30,3 t
Brennstoffvorrat	1,1 t	1,1 t
Wasserkasteninhalt	4,0 m³	4,4 m³
effektive Leistung	300 PS_e	230 PS_e
indizierte Zugkraft	7,8 Mp	6,7 Mp

Die Firma Henschel lieferte 1914 für die Prüfungskommission der kaiserlichen Heeresfeldbahnen jeweils eine dreiachsige Heißdampf- und Nassdampflokomotive. Die Kommission wollte mit ihnen ermitteln, welche Bauart letztlich wirtschaftlicher sei. Da der NWE während des Ersten Weltkrieges Maschinen fehlten, erwarb sie 1917 die Heißdampflok und reihte sie als Nr. 6 in ihren Bestand ein. Die Nassdampfmaschine gelangte 1921 von der Nassauischen Kleinbahn zur NWE (Nr. 7, 99 6102).

Die kleinen Dreikuppler besitzen zwar den gleichen Rahmen, Achsstand, Raddurchmesser und Länge, doch in der Konstruktion der Kessel unterscheiden sie sich deutlich. Auch der Wasservorrat der Nr. 7 ist deutlich größer als der der Heißdampflok. Die NWE setzte die Loks vorwiegend im Rangier- und Rollbockdienst in Wernigerode und Nordhausen ein. Daran änderte sich auch nichts bei der Reichsbahn, die die Loks als 99 6101 und 6102 bezeichnete.

Baureihe 99⁷²⁰ (Länderbahnlok, badische C)

Foto: Reiners

Technische Daten

Bauart	C n2t
Betriebsgattung	K 33.7
Lange ü. Puffer	7.060 mm
Höchstgeschwindigkeit v/r	30/30 km/h
Zylinderdurchmesser	320 mm
Kolbenhub	420 mm
Treib- und Kuppelraddurchmesser	900 mm
Kesselüberdruck	12 kp/cm²
Rostfläche	0,77 m²
Verdampfungsheizfläche	47,2 m²
Dienstmasse (2/3 Vorräte)	23,0 t
Brennstoffvorrat	0,95 t
Wasserkasteninhalt	2,4 m³
effektive Leistung	150 PS$_e$
indizierte Zugkraft	3,44 Mp

Die DEBG eröffnete zwischen 1902 und 1904 die Schmalspurbahn Mosbach–Mudau. Für den Betrieb dieser Strecke beschaffte die DEBG 1904 bei Borsig vier C n2-Tenderloks.

Der genietete Langkessel der Maschinen bestand aus drei Schüssen. Der Dampfdom saß auf dem ersten Schuss. Der Blechrahmen war im vorderen Teil als Wasserkasten ausgebildet. Typisch für die Loks war der genietete Hauptluftbehälter der Druckluftbremse zwischen Dampfdom und Sandkasten.

Mit der Übernahme der Strecke Mosbach–Mudau 1931 durch die DRG wurden die Maschinen in 99 7201–7204 umgezeichnet. Die Loks blieben aber ihrer Stammstrecke treu. Erst der Verkauf der 99 7203 an die Albtalbahn 1962 kündigte das bevorstehende Ende an. Nach der Indienststellung der beiden Dieselloks der Baureihe V 52 hatten die Dreikuppler ausgedient. Doch der Weg zum Schrottplatz blieb allen Maschinen erspart.

Eine von ihnen, die 99 7203 ist sogar betriebsfähig. Nach der Umspurung der Albtalbahn übernahm die DGEG die Lok für ihr Schmalspurmuseum in Viernheim. Nach der Auflösung des Museums übernahm eine Arbeitsgruppe der UEF die Lok und arbeitete sie wieder auf. Heute dampft sie auf der Museumsbahn Amstetten–Oppingen.

Foto: Krantz

Technische Daten

Bauart	1´C h2t
Länge über Puffer	9.860 mm
Höchstgeschwindigkeit v/r	50/50 km/h
Zylinderdurchmesser	430 mm
Kolbenhub	550 mm
Treib- und Kuppelraddurchmesser	1.200 mm
Laufraddurchmesser v	800 mm
Kesselüberdruck	12 kp/cm²
Rostfläche	1,4 m²
Verdampfungsheizfläche	58,6 m²
Dienstmasse (2/3 Vorräte)	45,9 t
Brennstoffvorrat	1,2 t
Wasserkasteninhalt	5,0 m³
indizierte Leistung	k. A.
indizierte Zugkraft (0,75)	7,63 Mp

Nach dem Ersten Weltkrieg war der Fahrzeugpark der meisten Klein- und Privatbahnen in einem desolaten Zustand. Die Gesellschaften benötigten dringend neue Maschinen, doch zur Reduzierung der Beschaffungs- und Instandhaltungskosten waren genormte und typisierte Loks gewünscht. Der im Frühjahr 1919 gegründete Engere Lokomotiv-Normen-Ausschuss (ELNA) schuf unter der Federführung des Hanomag-Chefs Erich Metzeltin und des technischen Direktors von Lenz & Co. Max Semke, dieses Typenprogramm. Das Baukastensystem basierte auf drei Tenderloks mit den Achsfolgen C, 1´C und D in Nass- und Heißdampfausführung. Durch verschiedene Modifizierungen konnten insgesamt 16 verschiedene Typen angeboten werden. Typisch für diese Maschinen waren der hochliegende Kessel und der zwischen den Rahmenwangen hängende Wasserkasten. Als »ELNA 2« firmierten die 1´C-Tenderloks.

Die erste ELNA 2 wurde 1924 gebaut. Bis 1943 folgten weitere 35 Maschinen. Auf der Butzbach-Licher Eisenbahn (BbLE) trafen die ersten beiden ELNA 2-Maschinen 1925 ein. Die 1941 gebaute BLE 146 fuhr zunächst bei der Reinheim-Reichelsheimer Eisenbahn und kam erst 1964 nach Butzbach, wo sie bis 1970 verblieb. Am 11. Juli 1970 erwarb die DGEG die Maschine, die heute in Bochum-Dahlhausen steht.

Foto: Slg. Krantz

Technische Daten

Bauart	D h2t
Länge über Puffer	10.075 mm
Höchstgeschwindigkeit v/r	40/40 km/h
Zylinderdurchmesser	520 mm
Kolbenhub	550 mm
Treib- und Kuppelraddurchmesser	1.100 mm
Kesselüberdruck	12 kp/cm²
Rostfläche	1,84 m²
Verdampfungsheizfläche	88,1 m²
Dienstmasse (2/3 Vorräte)	56,0 t
Brennstoffvorrat	1,9 t
Wasserkasteninhalt	6,0 m³
indizierte Leistung	k. A.
indizierte Zugkraft (0,75)	12,2 Mp

Die größte und stärkste Maschine des ELNA-Programms waren die vierfachgekuppelten Maschinen des Typs »ELNA 6«. Wie auch bei der ELNA 2 bevorzugten die Klein- und Privatbahnen allerdings die Heißdampf-Variante der ELNA 6. Die ersten dieser Vierkuppler stellte 1922 die Halle-Hettstedter Eisenbahn in Dienst. Die ELNA 6 erwies sich als der erfolgreichste Typ des gesamten Angebots. Von den insgesamt 213 ELNA-Lokomotiven gehörten 116 Exemplare zum Typ 6. Maßgeblichen Anteil daran hatte im Jahr 1942 die Aufnahme der ELNA 6 in das Kriegslok-Programm. Als Kriegsdampflok (KDL) 4 wurden 1944 insgesamt 44 Exemplare gebaut.

Die ELNA 6 erwies sich als eine langlebige Maschine. Die heute in Darmstadt-Kranichstein betriebsfähig vorgehaltene Nr. 184 wurde 1946 von der DEG für die Farge-Vegesacker Eisenbahn beschafft. Ab 1967 war sie auf der Rinteln-Stadthagener Eisenbahn (RStE) im Einsatz. Erst 1972 musste sie nach Ablauf der Kesselfristen abgestellt werden. Deutlich länger standen die bei der Zeche Anna in Alsdorf als Werkloks genutzten ELNA 6 im Einsatz. Erst 1992 hatte hier die »Anna 8« ausgedient. Sie steht heute im Bergbaumuseum Alsdorf, während die Dampfbahn Fränkische Schweiz in Ebermannstadt die Schwesterlok »Anna 10« einsetzt.

Lok »Naumburg«

Foto: Reiners

Technische Daten

Bauart	E h2t
Länge über Puffer	11.350 mm
Höchstgeschwindigkeit v/r	45/45 km/h
Zylinderdurchmesser	500 mm
Kolbenhub	550 mm
Treib- und Kuppelraddurchmesser	1.100 mm
Kesselüberdruck	13 kp/cm²
Rostfläche	2,0 m²
Verdampfungsheizfläche	158,0 m²
Dienstmasse (2/3 Vorräte)	63,0 t
Brennstoffvorrat	2,1 t
Wasserkasteninhalt	6,0 m³
indizierte Leistung	k. A.
indizierte Zugkraft (0,8)	13,0 Mp

Der Kassel-Naumburger Eisenbahn AG (KN) waren die ELNA 6-Maschinen für den Einsatz auf ihrer steigungsreichen Strecke zu schwach. Um den Anforderungen im Zugdienst auch langfristig gewachsen zu sein, gab die KN bei der Lokfabrik Krauss 1925 drei fünffachgekuppelte Maschinen in Auftrag, die aber auf den ELNA-Loks basieren sollten. Die im Herbst 1925 gelieferten Maschinen entsprachen nicht nur optisch den ELNA-Type, sondern besaßen auch zahlreiche Baugruppen von ihnen. Die drei Fünfkuppler erfüllten das von ihnen geforderte Leistungsprogramm spielend. Die KN beschaffte 1926, 1938 und 1941 noch jeweils eine weitere Lok.

Die sechs Maschinen bewältigten über viele Jahre hinweg den Personen- und Güterverkehr zwischen Kassel-Wilhelmshöhe und Naumburg. Erst mit der Indienststellung moderner Triebwagen und Dieselloks konnte die KN auf ihre Dampfloks verzichten. Die KN 206 war schließlich der letzte Fünfkuppler auf seiner Stammstrecke. Sie wurde im März 1970 abgestellt und 1971 von der Stadt Naumburg erworben, die sie als Denkmal am Bahnhof aufstellen ließ. Zwölf Jahre später übernahm der »Hessencourier« die Maschine und arbeitete sie wieder auf. Im Herbst 1985 bewegte sich die 206 wieder mit eigener Kraft. Noch heute ist die imposante Lok nach einer aufwändigen Reparatur im Jahr 2001 im Einsatz.

Foto: Reiners

Technische Daten

Bauart	D h2t
Länge über Puffer	8.970 mm
Höchstgeschwindigkeit v/r	50/50 km/h
Zylinderdurchmesser	400 mm
Kolbenhub	550 mm
Treib- und Kuppelraddurchmesser	1.100 mm
Kesselüberdruck	12 kp/cm²
Rostfläche	1,36 m²
Verdampfungsheizfläche	54,8 m²
Dienstmasse (2/3 Vorräte)	40,0 t
Brennstoffvorrat	1,7 t
Wasserkasteninhalt	5,6 m³
indizierte Leistung	450 PS$_i$
indizierte Zugkraft (0,8)	7,6 Mp

Mit der Eröffnung der Strecke Stetten–Hechingen betrieb die Hohenzollerische Landesbahn AG (HzL) 1912 ein rund 108 km langes Streckennetz. Für den Personen- und Güterverkehr benötigte die HzL nun vierfachgekuppelte Maschinen. Die Maschinenfabrik Esslingen lieferte 1911 die ersten beiden Dn2-Tenderloks mit verschiebbaren Endachsen des Systems »Gölsdorf«. Die als Nr. 11 und 12 bezeichneten Loks bewährten sich vor allem im Güterzugdienst im Killertal auf der Strecke Hechingen–Burladingen–Gammertingen sehr gut.

Zur Steigerung der Leistung sowie Senkung des Wasser- und Kohleverbrauchs ließ die HzL beide Maschinen 1936 auf Heißdampf umbauen. Dabei wurden neben dem Überhitzer auch neue Kolbenschieber eingebaut. Zwischen Hechingen und Burladingen konnte das Zuggewicht nun von 120 auf 140 t angehoben werden. Mit der Indienststellung der 950 PS starken Dieselloks V 81 und V 82 hatten 1958 die HzL 11 und 12 ausgedient. Sie wurden jetzt nur noch bei Lokmangel oder für Sonderzüge angeheizt. 1969 erwarb schließlich die GES die Nr. 11 und arbeitete sie wieder auf. Seit 1971 kommt die HzL 11 vor Sonderzügen zum Einsatz. Seit 1978 ist die Tälesbahn Nürtingen–Neuffen die Stammstrecke des Vierkupplers.

Lok »Helene« (750 mm Spurweite)

Foto: Krantz, Slg. Endisch

Technische Daten

Bauart	C n2t
Länge über Puffer	6.950 mm
Höchstgeschwindigkeit v/r	25/25 km/h
Zylinderdurchmesser	290 mm
Kolbenhub	430 mm
Treib- und Kuppelraddurchmesser	800 mm
Kesselüberdruck	12 kp/cm²
Rostfläche	0,70 m²
Verdampfungsheizfläche	34,59 m²
Dienstmasse (2/3 Vorräte)	18,0 t
Brennstoffvorrat	0,65 t
Wasserkasteninhalt	1,5 m³
effektive Leistung	110 PS$_e$
indizierte Zugkraft (0,8)	4,0 Mp

Auf eine bewegte Geschichte kann die Dampflok »Helene« zurückblicken. Den kleinen Dreikuppler lieferte Henschel 1919 an die Jüterbog-Luckenwalder Kreiskleinbahnen (JLKB), die sie mit der Betriebs-Nr. 8 und dem Namen »Techow« in ihren Bestand einreihten. Allerdings war die Lok bei den Personalen unbeliebt. Sie schlingerte heftig und beanspruchte den Oberbau, vor allem in den Kurven, sehr stark.

Während der Weltwirtschaftskrise schrumpfte der Reiseverkehr auf den Strecken der JLKB auf ein Minimum. Aus Kostengründen stellten die JLKB schließlich am 15. Januar 1932 den Personenverkehr ein und wickelten ihn fortan mit bahneigenen Omnibussen ab. Daraufhin verkauften die JLKB die »Techow« 1934 an die Baryt-Werke Bad Lauterberg im Harz, wo sie den Namen »Helene« erhielt. Hier bespannte sie Güter- und werksinterne Personenzüge auf der rund 6 km langen Werkbahn (750 mm Spurweite) zwischen den Verarbeitungsanlagen und den Gruben »Hoher Trost« und »Wolkenstein«. Erst 1969 stellten die Baryt-Werke die »Helene« ab.

Im Mai 1970 erwarb die DGEG die Lok für den Museumsbetrieb auf der Jagsttalbahn. Ihren ersten Zug bespannte sie am 25. Juli 1971. Derzeit steht die »Helene« nicht betriebsfähig im Dörzbacher Lokschuppen.

Lok »Kunigunde von Crutheim«
(750 mm Spurweite)

Technische Daten

Bauart	C h2t
Länge über Puffer	7.200 mm
Höchstgeschwindigkeit v/r	40/40 km/h
Zylinderdurchmesser	330 mm
Kolbenhub	430 mm
Treib- und Kuppelraddurchmesser	860 mm
Kesselüberdruck	14 kp/cm^2
Rostfläche	0,75 m^2
Verdampfungsheizfläche	35,0 m^2
Dienstmasse (2/3 Vorräte)	24,0 t
Brennstoffvorrat	0,8 t
Wasserkasteninhalt	2,2 m^3
indizierte Leistung	k. A.
indizierte Zugkraft (0,8)	4,8 Mp

Mit der Ausweitung des Rollbock-Verkehrs auf der Jagsttalbahn benötigte die die DEBG als Betriebsführer eine neue und leistungsstarke Dampflokomotive. Das technische Büro der DEBG entwickelte deshalb gemeinsam mit Henschel & Sohn Ende der 20er-Jahre einen zugstarken Dreikuppler. Im Herbst 1929 traf die dreifach gekuppelte Heißdampflok in Jagsttal ein. Die DEBG bezeichnete die Maschine als Nr. 24^{II}. Obwohl der Dreikuppler in Sachen Leistung und Zugkraft überzeugte, befriedigten die Laufeigenschaften überhaupt nicht. Durch die großen vorderen und hinteren Überhänge und den relativ kurze Achsstand nickte und schlingerte die Nr. 24^{II} sehr stark. Trotzdem war die Lok bis zum Ende der 50er-Jahre das Rückgrat im Güterverkehr auf der Jagsttalbahn.

Nach der Indienststellung moderner Schlepptriebwagen wurde die 24^{II} ab 1959 nur noch als Betriebsreserve vorgehalten. Sechs Jahre später wurde der Dreikuppler schließlich abgestellt und 1967 an die Gemeinde Krautheim verkauft. Im Herbst 1967 ließ die Stadt die Lok als »Kunigunde von Crutheim« in der Nähe des Bahnhofs aufstellen. Dort stand sie bis zum 12. Februar 2000. Die Jagsttalbahn-Freunde brachten die Lok nach Dörzbach und wollen sie nun für den zwischen Dörzbach und Krautheim geplanten Museumsbetrieb wieder betriebsfähig aufarbeiten.

Foto: Reiners

Technische Daten

Bauart	D h2t
Länge über Puffer (Tender 2´2´ T 6)	12.826 mm
Höchstgeschwindigkeit v/r	35/35 km/h
Zylinderdurchmesser	320 mm
Kolbenhub	360 mm
Treib- und Kuppelraddurchmesser	750 mm
Kesselüberdruck	13 kp/cm²
Rostfläche	1,15 m²
Verdampfungsheizfläche	40,43 m²
Dienstmasse (2/3 Vorräte)	42,0 t
Brennstoffvorrat	4,0 t
Wasserkasteninhalt	6,0 m³
effektive Leistung	250 PS$_e$
indizierte Zugkraft (0,8)	4,8 Mp

Für ihre Schmalspurbahnen mit 750 mm und 785 mm Spurweite beschafften die PKP zwischen 1949 und 1955 insgesamt 214 Dampfloks der Reihen Px 48 (vierachsiger Tender) und Px 49 (dreiachsiger Tender). Grundlage dieser beiden von Chrzanow gebauten Reihen war eine Konstruktion der Lokfabrik Fablok, von denen die PKP ab 1929 bereits 21 Exemplare als Px 28 und Px 29 beschafft hatten.

Die Reihen Px 48 und Px 49 unterschieden sich von den Vorkriegsmaschinen lediglich durch einen vergrößerten Rost, eine größere Heizfläche und ein geschlossenes Führerhaus. Als Ersatz für ihre überalterten Meterspur-Fahrzeuge ließen die PKP zwischen 1969 und 1974 insgesamt 17 Loks der Reihe Px 48 im Ausbesserungswerk Nowy Sacz von 750 auf 1000 mm Spurweite umbauen.

Die ersten Px 48 kamen 1985 in die Bundesrepublik. Für den Museumsbetrieb auf der Strecke Warthausen–Ochsenhausen wurden die Px 48 1773 und 1774 beschafft. Ein Jahr später folgten Px 48 1903 und 1757. Die IG Brohltal-Schmalspureisenbahn (IBS) erwarb 1990 für den »Vulkanexpress« auf der Strecke Brohl–Engeln zwei meterspurige Px 48. Die erste von ihnen, die Px 48 3903, traf am 10. Januar 1990 in Brohl ein. Die als Lok V und Lok VI bezeichneten Maschinen bespannen regelmäßig die Museumszüge im Brohltal.

Loks »Hoya« und »Bruchhausen« (1000 mm Spurweite)

Technische Daten

Bauart	C n2t
Länge über Puffer	7.470 mm
Höchstgeschwindigkeit v/r	30/30 km/h
Zylinderdurchmesser	320 mm
Kolbenhub	300 mm
Treib- und Kuppelraddurchmesser	920 mm
Kesselüberdruck	12 kp/cm²
Rostfläche	1,3 m²
Verdampfungsheizfläche	49,74 m²
Dienstmasse (2/3 Vorräte)	23,5 t
Brennstoffvorrat	0,8 t
Wasserkasteninhalt	2,75 m³
indizierte Leistung	k. A.
indizierte Zugkraft (0,8)	3,2 Mp

Die Kleinbahn Hoya-Syke-Asendorf (HSA) beschaffte zur Betriebseröffnung 1899 von der Hanomag vier Cn2-Tenderloks. Zu diesen ersten vier Maschinen gehörten die »Hoya« und die »Bruchhausen«. Charakteristisch für die Loks waren die Kuppelachsen: Sie besaßen keine Speichen- sondern Scheibenräder mit angegossenen Gegengewichten. Die zugstarken Maschinen trugen über viele Jahre hinweg auf der HSA die Hauptlast im Reise- und Güterverkehr. 1902 und 1912 gab die HSA bei der Hanomag noch jeweils eine baugleiche Lok in Auftrag. Mit der Indienststellung der ersten Dieseltriebwagen 1935 kamen die Dreikuppler fortan fast nur noch vor Güterzügen zum Einsatz.

Bei der Gründung der Verkehrsbetriebe Grafschaft Hoya (VGH) waren 1963 noch vier Hanomag-Loks vorhanden. Mit dem Umbau der Meterspur-Strecke Hoya–Syke auf Regelspur hatten die Dampfloks endgültig ausgedient. Die »Bruchhausen« (Nr. 33) und die »Hoya« entgingen dem Schneidbrenner.

Lok 11sm (1000 mm Spurweite)

Technische Daten

Bauart	B´B n4vt
Länge über Puffer	9.981 mm
Höchstgeschwindigkeit v/r	30/30 km/h
Zylinderdurchmesser (ND/HD)	330/500 mm
Kolbenhub	500 mm
Treib- und Kuppelraddurchmesser	1.000 mm
Kesselüberdruck	14 kp/cm²
Rostfläche	1,5 m²
Verdampfungsheizfläche	80,0 m²
Dienstmasse (2/3 Vorräte)	48,0 t
Brennstoffvorrat	1,2 t
Wasserkasteninhalt	5,0 m³
indizierte Leistung	k. A.
indizierte Zugkraft (0,8)	k. A.

Die Brohltalbahn benötigte für ihre steigungs- und kurvenreiche Strecke Brohl–Oberzissen–Kempenich leistungsstarke Maschinen. Nachdem sich die zunächst beschafften Mallet-Loks als zu schwach erwiesen hatten, gab die Brohltalbahn eine stärkere Lok bei Humboldt in Auftrag. Das erste Exemplar der Gattung »sm«, die Nr. 10, dampfte 1904 durch das Brohltal. Mit ihren 48 t Reibungsgewicht bewährte sich die neue Lok seht gut; weitere Exemplare folgten 1906 und 1919. Haupteinsatzgebiet der drei Maschinen war der schwere Güterzugdienst zwischen Brohl und Oberzissen.

Während die Nr. 10sm bereits 1934 den Dienst quittierte, standen die 11sm und 12sm bis Anfang der 60er-Jahre im Einsatz. Erst 1964 wurde die 12sm verschrottet. Die Nr. 11sm war schließlich die letzte Mallet-Lok im Brohltal. Sie stand im März 1966 zum letzten Mal unter Dampf. Der Weg zum Schneidbrenner blieb der Nr. 11sm erspart, da die DGEG die Maschine für ihr Schmalspurmuseum in Viernheim erwarb. 1998 kehrte die Lok wieder in ihre angestammte Heimat zurück.

Loks »Carl« und »Hermann« (1000 mm Spurweite)

Foto: Reiners

Technische Daten

Bauart	C n2t
Länge über Puffer	6.400 mm
Höchstgeschwindigkeit v/r	30/30 km/h
Zylinderdurchmesser	300 mm
Kolbenhub	400 mm
Treib- und Kuppelraddurchmesser	780 mm
Kesselüberdruck	12 kp/cm^2
Rostfläche	0,7 m^2
Verdampfungsheizfläche	42,5 m^2
Dienstmasse (2/3 Vorräte)	21,65 t
Brennstoffvorrat	0,7 t
Wasserkasteninhalt	3,0 m^3
indizierte Leistung	k. A.
indizierte Zugkraft (0,8)	3,6 Mp

Die Kreis Altenaer Eisenbahn (KAE) betrieb von 1887 bis 1967 ein rund 35 km langes meterspuriges Kleinbahnnetz zwischen Lüdenscheid, Altena, Werdohl, Wehberg und Brünninghausen. Für den ständig steigenden Personen- und Güterverkehr auf steigungs- und kurvenreichen Strecken beschaffte die KAE eine verstärkte Variante ihrer 1887/88 gelieferten Cn2-Tenderloks mit den Nummern 1 bis 9. Wie ihre Vorgänger war auch für die zwischen 1907 und 1916 von Hohenzollern gelieferten Nassdampf-Dreikuppler der sehr kurze Achsstand und die gedrungene Bauform typisch. Allerdings besaßen die als Nr. 13 bis 17 eingereihten Maschinen ein größere Rost- und Heizfläche sowie eine fast doppelt so hohe Zugkraft.

Die eigentümlichen Maschinen wurden zum Markenzeichen der KAE. Die robusten und zugstarken Loks trugen die Hauptlast des Verkehrs auf der KAE. Zu den letzten betriebsfähigen Dampfloks der KAE gehörten schließlich Anfang der 60er-Jahre die Nr. 13 »Carl« und Nr. 15 »Hermann«. Die Nr. 13 wurde 1961 ausgemustert und als Denkmal in Altena aufgestellt. Als letzte Dampflok der KAE wurde 1967 die Nr. 15 an den DEV in Bruchhausen-Vilsen verkauft, wo »Hermann« sie nach einer langen Aufarbeitung in den 80er-Jahren heute regelmäßig eingesetzt wird.

Lok WN 11 und WN 12 (1000 mm Spurweite)

Foto: Reiners

Technische Daten

Bauart	B h2t
Länge über Puffer	6.300 mm
Höchstgeschwindigkeit v/r	30/30 km/h
Zylinderdurchmesser	320 mm
Kolbenhub	360 mm
Treib- und Kuppelraddurchmesser	800 mm
Kesselüberdruck	12 kp/cm²
Rostfläche	0,66 m²
Verdampfungsheizfläche	31,0 m²
Dienstmasse (2/3 Vorräte)	18,06 t
Brennstoffvorrat	0,5 t
Wasserkasteninhalt	1,57 m³
indizierte Leistung	k. A.
indizierte Zugkraft (0,8)	3,6 Mp

Speziell für den Einsatz auf der meterspurigen Härtsfeldbahn Aalen–Neresheim–Dillingen gab die Württembergische Nebenbahnen AG (WN) bei der Maschinenfabrik Esslingen zwei zweifachgekuppelte Heißdampf-Tenderloks in Auftrag. Die kleinen Maschinen waren konstruktiv für den Einmannbetrieb ausgelegt. Die als WN 11 und WN 12 bezeichneten Loks wurden 1913 in Dienst gestellt und übernahmen in erster Linie den Verkehr auf dem Abschnitt Neresheim–Dillingen. Zwischen Aalen und Neresheim, wo die Härtsfeldbahn die Schwäbische Alb erklomm, konnten sie nur leichte Züge bespannen. Aufgrund des Einmannbetriebs und ihrer Sparsamkeit konnte die WN in den 30er-Jahren auf den Kauf von Triebwagen für die Härtsfeldbahn verzichten.
Erst 1956 schieden die beiden Loks aus dem Plandienst aus und wurden nur noch als Betriebsreserve vorgehalten. Doch damit war 1963 Schluss. Während die Lok 11 im Jahr 1967 an die Stadt Neresheim verkauft wurde, fand die Lok 12 auf einem Spielplatz in Heidenheim eine neue Bleibe. 1986 kehrte die WN 12 zurück nach Neresheim, wo sie von Härtsfeld-Museumsbahn betriebsfähig aufgearbeitet wurde. Sie bespannt jetzt zwischen Neresheim und Sägmühle die Nostalgiezüge.

129

Lok »Plettenberg« (1000 mm Spurweite)

Foto: Reiners

Technische Daten

Bauart	B h2t
Länge über Puffer	6.190 mm
Höchstgeschwindigkeit v/r	15/15 km/h
Zylinderdurchmesser	330 mm
Kolbenhub	350 mm
Treib- und Kuppelraddurchmesser	810 mm
Kesselüberdruck	12 kp/cm²
Rostfläche	0,71 m²
Verdampfungsheizfläche	25,85 m²
Dienstmasse (2/3 Vorräte)	22,7 t
Brennstoffvorrat	0,3 t
Wasserkasteninhalt	1,8 m³
indizierte Leistung	k. A.
indizierte Zugkraft (0,8)	3,4 Mp

Typisch für die von 1896 bis 1962 betriebenen Schmalspurstrecken der Plettenberger Kleinbahn waren die Kasten-Dampflokomotiven. Da ein Großteil der Strecken Plettenberg–Holthausen und Plettenberg–Wiesenthal durch die Ortschaften und in unmittelbarer Nähe der Straßen verliefen, griff die Bahn auf die ansonsten selten gebauten Kasten-Loks zurück. Weil die zunächst eingesetzten Maschinen bereits um 1910 die Grenze ihrer Leistungsfähigkeit erreicht hatten, gab die Plettenberger Kleinbahn bei Henschel eine stärkere Heißdampf-Maschine in Auftrag. Die 1913 gelieferte Lok erfüllte die in sie gesetzten Erwartungen, so dass weitere Exemplare in Auftrag gegeben wurden. Zu ihnen gehörte auch die Betriebs-Nr. 3^{II}, die am 7. Juli 1927 in Dienst gestellt wurde.

Der 5.090 mm lange und 2.500 mm breite Aufbau, der den Kessel umgibt, verleiht der Nr. 3^{II} noch heute ein einmaliges Aussehen. Bis 1968 war die Maschine vor Personen- und Güterzügen auf ihrer Stammstrecke im Einsatz. Nach der Stilllegung der Plettenberger Kleinbahn erwarb der DEV 1968 die Kastenlok für 4.000 Mark. Am 30. Juni 1971 traf sie in Bruchhausen-Vilsen ein. Es sollten zwölf Jahre vergehen, ehe 1983 die betriebsfähige Aufarbeitung begann. Am 2. Juli 1991 war es dann endlich soweit – die Nr. 3^{II}, nun als »Plettenberg« bezeichnet, bewegte sich wieder mit eigener Kraft.

Lok »Regenwalde« (1000 mm Spurweite)

Foto: Reiners

Technische Daten

Bauart	1´C1´h2t
Länge über Puffer	7.800 mm
Höchstgeschwindigkeit v/r	40/40 km/h
Zylinderdurchmesser	330 mm
Kolbenhub	400 mm
Treib- und Kuppelraddurchmesser	850 mm
Laufraddurchmesser v/h	560 mm
Kesselüberdruck	12 kp/cm²
Rostfläche	0,78 m²
Verdampfungsheizfläche	34,2 m²
Dienstmasse (2/3 Vorräte)	28,8 t
Brennstoffvorrat	0,8 t
Wasserkasteninhalt	2,8 m³
indizierte Leistung	k. A.
indizierte Zugkraft (0,8)	4,9 Mp

Zu den außergewöhnlichsten Museumslokomotiven in Deutschland gehört zweifellos die »Regenwalde« der Interessengemeinschaft Historischer Schienenverkehr (IHS), die die rund 5 km lange Museumsbahn von Schierwaldenrath nach Geilenkirchen-Gillrath betreibt. Die »Regenwalde« wurde 1930 von der Lokfabrik Borsig für die »Vereinigung hinterpommerscher Kleinbahnen« gebaut, die die Lokomotive auf den Meterspurstrecken der Regenwalder Kleinbahn einsetzte. Bei der Konstruktion der 1´C1´-Maschine orientierte sich Borsig an den in den 20er-Jahren entwickelten ELNA-Lokomotiven. Der hochliegende Kessel und der zwischen den Rahmenwangen hängende Wasserkasten sind typische Baumerkmale der ELNA-Maschinen. Die zunächst als Nr. 5c bezeichnete Schmalspurlok erfreute sich bei den Personalen aufgrund ihrer sehr guten Laufruhe und Leistung bei den Personalen großer Beliebtheit.

Nach der Übernahme der Regenwalder Kleinbahn durch die PKP war die Lok als Twn 1-3631 im Einsatz. Später wurde sie in Tyn 6-3631 umgezeichnet. Erst im Mai 1977 wurde sie schließlich ausgemustert. 1978 erwarb ein Privatmann die elegante Lok, bevor die IHS das Fahrzeug 1984 übernahm und anschließend betriebsfähig aufarbeitete.

Foto: Reiners

Technische Daten

Bauart	D h2t
Länge über Puffer	9.040 mm
Höchstgeschwindigkeit v/r	30/30 km/h
Zylinderdurchmesser	k. A.
Kolbenhub	k. A.
Treib- und Kuppelraddurchmesser	800 mm
Kesselüberdruck	k. A.
Rostfläche	k. A.
Verdampfungsheizfläche	k. A.
Dienstmasse (2/3 Vorräte)	k. A.
Brennstoffvorrat	k. A.
Wasserkasteninhalt	k. A.
Leistung	300 PS$_e$
indizierte Zugkraft (0,8)	k. A.

Über Jahrhunderte bestimmte der Kupferbergbau das Bild im Mansfelder Land. Als Ende des 19. Jahrhunderts die Pferdefuhrwerke für den Erztransport nicht mehr ausreichten, wurden ab 1880 die Gruben und Hütten durch eine Werkbahn (750 mm Spurweite) verbunden. Das Streckennetz der Mansfelder Bergwerksbahn erreicht bis Anfang der 20er-Jahre eine Länge von rund 90 km. Für die umfangreichen Gütertransporte und den werksinternen Personenverkehr genügten nun die bis dahin eingesetzten zwei- und dreifachgekuppelten Nassdampfloks nicht mehr. Die Bergwerksbahn kaufte deshalb bei O&K 1931 die ersten Dh2-Tenderloks. Bis 1940 wurden insgesamt sechs dieser Maschinen als Nr. 6 bis Nr. 11 in Dienst gestellt. Mit ihren rund 300 PS waren die sie die stärksten Loks der Bergwerksbahn und trugen nun die Hauptlast des Verkehrs.

Zur Leistungssteigerung rüstete man 1957 die Lok 10 mit einer Ölhauptfeuerung aus, die sich aber nicht bewährte, so dass die Maschine später wieder auf Kohlefeuerung umgebaut wurde. Obwohl das Streckennetz der Bergwerksbahn mit der Auserzung der Vorkommen ab Ende der 60er-Jahre schrittweise reduziert wurde, hielt man bis zur Einstellung des Verkehrs 1990 vier der O&K-Maschinen betriebsfähig vor. Drei von ihnen können heute noch im Museumsbetrieb bewundert werden.

Foto: Reiners

Technische Daten

Bauart	D h2
Länge über Puffer (Tender 3 T 5,5)	12.014 mm
Höchstgeschwindigkeit v/r	35/35 km/h
Zylinderdurchmesser	370 mm
Kolbenhub	400 mm
Treib- und Kuppelraddurchmesser	800 mm
Kesselüberdruck	13 kp/cm²
Rostfläche	1,6 m²
Verdampfungsheizfläche	42,89 m²
Dienstmasse (2/3 Vorräte)	37,0 t
Brennstoffvorrat	3,0 t
Wasserkasteninhalt	5,5 m³
effektive Leistung	250 PS_e
indizierte Zugkraft (0,8)	5,3 Mp

Für den Einsatz auf den Waldbahnen in der Sowjetunion entwickelten die enteigneten O&K-Werke in Potsdam-Babelsberg eine schmalspurige Dh2-Schlepptenderlok. Das Baumuster dieser Gattung wurde 1947 ausgeliefert. Kurze Zeit später begann in Babelsberg die Serienfertigung im Rahmen der von der Sowjetischen Besatzungszone zu erbringenden Reparationsleistungen. Bis 1954 wurden insgesamt 425 Maschinen der als »Gr« bezeichneten Type gebaut. Drei Maschinen verblieben in der DDR. Eine Lok gelangte als 99 1401 zur Deutschen Reichsbahn, zwei weitere kamen als Lok 19 und 20 zur Mansfelder Bergwerksbahn. Dort waren sie von 1954 bis 1967 bzw. 1968 im Einsatz. Allerdings gingen alle drei Maschine den Weg des alten Eisens.

Mitte der 90er-Jahre fanden Mitglieder der Mansfelder Bergwerksbahn (MBB) in Estland noch eine dieser Schmalspur-Schlepptenderloks. Nach langen Verhandlungen konnten sie schließlich die als Gr 320 bezeichnete Lok erwerben und sie vom 15. bis zum 22. Juni 1996 nach Deutschland zurückholen. Anschließend begann die betriebsfähige Aufarbeitung der Maschine. Am 24. Mai 2000 wurde die Maschine vom Eisenbahn-Bundesamt abgenommen. Seitdem ist sie als Lok 20 auf der Strecke Klostermansfeld–Hettstedt im Einsatz. Als 99 1401 gab sie aber auch schon ein Gastspiel auf der Preßnitztalbahn.

Erhaltene Dampflokomotiven (Staatsbahn-Maschinen)

Stand 10. April 2002

Baureihe 01 (Einheitslok)

Nummer	Hersteller	Baujahr	Fabrik-Nr.	Letzte BV und Nr.	Zustand	Besitzer und Standort	Bemerkungen
01 005	Borsig	1926	11.997	DR 01 005	nb	VM Dresden, Staßfurt	älteste Einheitslok
01 008	Borsig	1926	12.000	DB 001 008-0	nb	DGEG, Bochum-Dahlhausen	
01 024	Henschel	1927	20.827	DR 01 024	Dsp	BEM Nördlingen	Ersatzteilspender
01 066	BMAG	1928	9.020	DR 01 2066-7	b	BEM Nördlingen	Wiederaufbau 1993 aus einem Dsp mit Hilfe von Teilen der 01 024
01 088	Krupp	191930	1.168	DB 001 088-4	nb	Krupp, Essen	
01 111	BMAG	1934	10.309	DB 001 111-4	nb	DDM Neuenmarkt-Wirsberg	
01 118	Krupp	1934	1.415	DR 01 2118-6	b	HEF, Frankfurt (Main)	
01 137	Henschel	1935	22.579	DR 01 2137-6	nb	DB AG, Dresden	
01 150	Henschel	1935	22.698	DB 001 150-2	nb	DB AG, VM Nürnberg	
01 164	Henschel	1935	22.712	DB 001 164-3	nb	privat, Leihgabe VM Nürnberg	
01 173	Henschel	1936	22.721	DB 001 173-4	nb	DTM Berlin	
01 204	Henschel	1937	23.256	DR 01 2204-4	nb	privat, Hermeskeil	Neubaukessel
01 220	Henschel	1937	23.468	DB 001 220-3	Denkmal	Treuchtlingen	Neubaukessel

Baureihe 01.5 (Rekolok DR)

Nummer	Hersteller	Baujahr	Fabrik-Nr.	Letzte BV und Nr.	Zustand	Besitzer und Standort	Bemerkungen
01 509	Krupp	1935	1.426	DR 01 0509-8	b	UEF, Heilbronn	Reko aus 01 143
01 514	Henschel	1935	22.700	DR 01 1514-7	nb	HEF, Technik-Museum Speyer	Reko aus 01 208
01 519	Henschel	1936	22.929	DR 01 1519-6	b	EFZ, Tübingen	Reko aus 01 186
01 531	Henschel	1935	22.706	DR 01 1531-1	nb	DB AG, Arnstadt	Reko aus 01 158

Baureihe 01.10 (Umbaulok DB)

Nummer	Hersteller	Baujahr	Fabrik-Nr.	Letzte BV und Nr.	Zustand	Besitzer und Standort	Bemerkungen
01 1056	BMAG	1940	11.312	DB 011 056-9	nb	Eisenbahnmuseum Darmstadt-Kranichstein	
01 1061	BMAG	1940	11.317	DB 012 061-8	nb	DDM Neuenmarkt-Wirsberg	Ölhauptfeuerung
01 1063	BMAG	1940	11.319	DB 012 063-6	Denkmal	DB AG, Braunschweig	Ölhauptfeuerung
01 1066	BMAG	1940	11.322	DB 012 066-6	b	UEF, Ettlingen	Ölhauptfeuerung
01 1081	BMAG	1940	11.337	DB 012 081-6	nb	UEF, Heilbronn	Ölhauptfeuerung
01 1082	BMAG	1940	11.338	DB 012 082-4	nb	DTM Berlin	Ölhauptfeuerung

01 1100	BMAG	1940	11.356	DB 012 100-4	i.A.	DB AG, Rendsburger EF, Neumünster	Ölhauptfeuerung
01 1102	BMAG	1940	11.358	DB 012 102-9	nb	K & K Betriebsgesellschaft, Berlin	Ölhauptfeuerung; seit 1996 mit einer Stromlinien-Verkleidung im Einsatz
01 1104	BMAG	1940	11.360	DB 012 104-4	nb	Süddeutsches Eisenbahn-Museum Heilbronn	Ölhauptfeuerung

Baureihe 03 (Einheitslok, Umbaulok DR)

Nummer	Hersteller	Baujahr	Fabrik-Nr.	Letzte BV und Nr.	Zustand	Besitzer und Standort	Bemerkungen
03 001	Borsig	1930	12.251	DR 03 2001-0	nb	DB AG, Dresden	
03 131	Henschel	1933	22.211	DB 003 131-6	nb	DDM Neuenmarkt-Wirsberg	
03 188	BMAG	1935	10.329	DB 003 188-0	Denkmal	Kirchheim (Teck)	
03 204	Borsig	1935	14.577	DR 03 2204-0	b	Lausitzer-Dampflok-Club Cottbus	Mischvorwärmer

Baureihe 03 (Rekolok DR)

Nummer	Hersteller	Baujahr	Fabrik-Nr.	Letzte BV und Nr.	Zustand	Besitzer und Standort	Bemerkungen
03 002	Borsig	1930	12.252	DR 03 2002-8	nb	EBG, Eisenbahnmuseum Prora	Stromlinienverkleidung
03 098	Borsig	1933	14.449	DR 03 2098-6	nb	Technik-Museum Speyer	
03 155	Borsig	1934	14.475	DR 03 2155-4	nb	EF »Flügelrad« Oderberg, Dieringhausen	
03 243	Borsig	1936	14.622	DR 03 2243	Dsp	privat, z.Z. in Meiningen abgestellt	
03 295	Borsig	1937	14.692	DR 03 2295-8	b	BEM Nördlingen	

Baureihe 03¹⁰ (Rekolok DR)

Nummer	Hersteller	Baujahr	Fabrik-Nr.	Letzte BV und Nr.	Zustand	Besitzer und Standort	Bemerkungen
03 1010	Borsig	1940	14.921	DR 03 1010-2	b	DB AG, Halle (Saale)	
03 1090	KM	1940	15.842	DR 03 0090-5	nb	Schwerin	Ölhauptfeuerung

Baureihe 05 (Einheitslok)

Nummer	Hersteller	Baujahr	Fabrik-Nr.	Letzte BV und Nr.	Zustand	Besitzer und Standort	Bemerkungen
05 001	Borsig	1934	14.552	DB 05 001	nb	VM Nürnberg	teilweise mit Stromlinienverkleidung

Baureihe 10 (Neubaulok DB)

Nummer	Hersteller	Baujahr	Fabrik-Nr.	Letzte BV und Nr.	Zustand	Besitzer und Standort	Bemerkungen
10 001	Krupp	1956	3.351	DB 010 001-6	nb	DDM Neuenmarkt-Wirsberg	

Baureihe 15 (Länderbahnlok, bayerische S 2/6)

Nummer	Hersteller	Baujahr	Fabrik-Nr.	Letzte BV und Nr.	Zustand	Besitzer und Standort	Bemerkungen
15 001	Maffei	1906	2.519	DRG 15 001	nb	VM Nürnberg	

Baureihe 17^0 (Länderbahnlok, preußische S 10)

Nummer	Hersteller	Baujahr	Fabrik-Nr.	Letzte BV und Nr.	Zustand	Besitzer und Standort	Bemerkungen
17 008	BMAG	1911	4.760	DRG 17 008	nb	DTM Berlin	teilweise aufgeschnitten

Baureihe 17^{10} (Länderbahnlok, preußische S 10^1)

Nummer	Hersteller	Baujahr	Fabrik-Nr.	Letzte BV und Nr.	Zustand	Besitzer und Standort	Bemerkungen
17 1055	Henschel	1913	11.512	DR 17 1055	nb	VM Dresden	

Schnellfahrlok 18 201 (Rekolok DR)

Nummer	Hersteller	Baujahr	Fabrik-Nr.	Letzte BV und Nr.	Zustand	Besitzer und Standort	Bemerkungen
18 201	Henschel	1939	23.515	DR 02 0201-0	b	DB AG, Halle (Saale)	schnellste betriebsfähige Dampflok der Welt

Baureihe 18^3 (Länderbahnlok, badische IV h; Umbaulok DB, Rekolok DR)

Nummer	Hersteller	Baujahr	Fabrik-Nr.	Letzte BV und Nr.	Zustand	Besitzer und Standort	Bemerkungen
18 314	Maffei	1919	5.089	DR 02 0314-1	nb	Auto+Technik Museum Sinsheim	Rekolok; Teilverkleidung
18 316	Maffei	1919	5.091	DB 018 316-0	nb	Landesmuseum Technik u. Arbeit Mannheim	
18 323	Maffei	1919	5.109	DB 018 323-6	Denkmal	Offenburg	Leihgabe an UEF

Baureihe 18^{4-5} (Länderbahnlok, bayerische S 3/6)

Nummer	Hersteller	Baujahr	Fabrik-Nr.	Letzte BV und Nr.	Zustand	Besitzer und Standort	Bemerkungen
18 451	Maffei	1912	3.315	DB 18 451	nb	Deutsches Museum München	
18 478	Maffei	1918	4.536	DB 18 478	b	BEM Nördlingen	
18 505	Maffei	1924	5.555	DB 18 505	nb	DB AG, Leihgabe an DGEG Neustadt (Weinstr.)	
18 528	KM	1928	5.696	DB 18 528	Denkmal	Siemens VT München-Allach	

Baureihe 18^6 (Umbaulok DB)

Nummer	Hersteller	Baujahr	Fabrik-Nr.	Letzte BV und Nr.	Zustand	Besitzer und Standort	Bemerkungen
18 612	KM	1927	5.672	DB 18 612	nb	DDM Neuenmarkt-Wirsberg	

Baureihe 19^0 (Länderbahnlok, sächsische XX HV)

Nummer	Hersteller	Baujahr	Fabrik-Nr.	Letzte BV und Nr.	Zustand	Besitzer und Standort	Bemerkungen
19 017	SMF	1922	4.523	DR 19 017	nb	VM Dresden	

Baureihe 22 (Rekolok DR)

Nummer	Hersteller	Baujahr	Fabrik-Nr.	Letzte BV und Nr.	Zustand	Besitzer und Standort	Bemerkungen
22 029	LHW	1924	2.925	DR Dsp Nr. 9	Dsp	privat, z.Z. in Meiningen abgestellt	Reko aus 39 197
22 047	LHW	1924	2.910	DR Dsp Nr. 12	Dsp	privat, Bw Falkenberg	Reko aus 39 172
22 064	Henschel	1924	20.216	DR Dsp Nr. 20	i.A.	BEM Nördlingen	Reko aus 39 165; Lok wird komplettiert
22 066	Borsig	1923	11.636	DR Dsp Nr. 27	Dsp	privat, Hermeskeil	Reko aus 39 033
22 073	Henschel	1924	20.183	DR Dsp Nr. 5	Dsp	privat, Bw Falkenberg	Reko aus 39 132
22 075	Borsig	1922	11.023	DR Dsp Nr. 16	Dsp	privat, *Standort z.Z. unbekannt*	Reko aus 39 007

Baureihe 23 (Neubaulok DB)

Nummer	Hersteller	Baujahr	Fabrik-Nr.	Letzte BV und Nr.	Zustand	Besitzer und Standort	Bemerkungen
23 019	Jung	1952	11.474	DB 023 019-3	nb	DDM Neuenmarkt-Wirsberg	
23 029	Jung	1954	11.969	DB 023 029-2	Denkmal	Aalen	
23 042	Henschel	1954	28.542	DB 023 042-5	i.A.	Eisenbahnmuseum Darmstadt-Kranichstein	
23 105	Jung	1959	13.113	DB 023 105-0	nb	DB AG, VM Nürnberg	

Baureihe 23^{10} (Neubaulok DR)

Nummer	Hersteller	Baujahr	Fabrik-Nr.	Letzte BV und Nr.	Zustand	Besitzer und Standort	Bemerkungen
23 1019	LKM	1958	123.019	DR 35 1019-5	b	Lausitzer-Dampflok-Club Cottbus	
23 1021	LKM	1958	123.021	DR 35 1021-1	nb	EBG, Eisenbahnmuseum Prora	
23 1028	LKM	1958	123.028	DR 35 1028-6	Dsp	Verein »Hei Na Ganzlin« Röbel (Müritz)	
23 1097	LKM	1959	123.097	DR 35 1097-1	b	privat, Leihgabe an die BSW-Gruppe Glauchau	
23 1113	LKM	1959	123.113	DR 35 1113-6	i.A.	DB AG, Leihgabe EMBB, Leipzig-Plagwitz	

Baureihe 24 (Einheitslok)

Nummer	Hersteller	Baujahr	Fabrik-Nr.	Letzte BV und Nr.	Zustand	Besitzer und Standort	Bemerkungen
24 004	Schichau	1927	3.119	DR 24 004	nb	VM Dresden, SEM Chemnitz-Hilbersdorf	
24 009	Schichau	1928	3.124	DR 37 1009-2	b	Historische Dampfzugfahrten e.V., Dieringhausen	
24 083	Schichau	1938	3.325	PKP Oi 2-22	b	Dampflok-Betriebsgemeinschaft Hildesheim	

Baureihe 38² (Länderbahnlok, sächsische XII H 2)

Nummer	Hersteller	Baujahr	Fabrik-Nr.	Letzte BV und Nr.	Zustand	Besitzer und Standort	Bemerkungen
38 205	SMF	1910	3.387	DR 38 205	nb	DB AG, SEM Chemnitz-Hilbersdorf	

Baureihe 38¹⁰⁻⁴⁰ (Länderbahnlok, preußische P 8)

Nummer	Hersteller	Baujahr	Fabrik-Nr.	Letzte BV und Nr.	Zustand	Besitzer und Standort	Bemerkungen
38 1182	BMAG	1910	4.485	DR 38 1182-5	nb	DB AG, Arnstadt	
38 1444	LHW	1913	963	DB 38 1444	nb	Werksmuseum LHB Salzgitter	
38 1772	Schichau	1915	2.275	DB 038 772-0	nb	Historische Dampfzugfahrten e.V., Betzdorf	
38 2267	Henschel	1918	15.695	DR 38 2267-3	b	DGEG Bochum-Dahlhausen	
38 2383	Henschel	1918	16.538	DB 038 382-8	nb	DDM Neuenmarkt-Wirsberg	
38 2425	Schichau	1919	2.739	PKP Ok 1-296	nb	DTM Berlin	
38 2460	LHW	1919	1.804	CFR 230.094	b	Eisenbahnfreunde Schwalm-Knüll, Treysa	
38 2884	Vulcan	1921	3.641	DB 038 884-3	nb	DB AG, VM Nürnberg	noch keine Zulassur g
38 3180	LHW	1921	2.257	CFR 230.105	i.A.	BEM Nördlingen	
38 3199	LHW	1921	2.276	CFR 230.106	i.A.	Süddeutsches Eisenbahn-Museum Heilbronn	noch keine Zulassung
38 3650	AEG	1922	2.311	DB 038 650-8	Denkmal	Böblingen-Hulb	
38 3711	Hohen	1922	4.255	DB 038 711-8	Denkmal	Hannover-Berenbostel	
38 3999	Schichau	1923	2.198	CFR 230.111	i.A.	Eisenbahnmuseum Darmstadt-Kranichstein	z.Z. in Einzelteile zerlegt

Baureihe 39⁰ (Länderbahnlok, preußische P 10)

Nummer	Hersteller	Baujahr	Fabrik-Nr.	Letzte BV und Nr.	Zustand	Besitzer und Standort	Bemerkungen
39 184	LHW	1924	2.922	DB 39 184	nb	Werksmuseum LHB Salzgitter	
39 230	MBG	1924	2.308	DB 39 230	nb	DB AG, Leihgabe an DDM Neuenmarkt-Wirsberg	

Baureihe 41 (Umbaulok DB)

Nummer	Hersteller	Baujahr	Fabrik-Nr.	Letzte BV und Nr.	Zustand	Besitzer und Standort	Bemerkungen
41 018	Henschel	1938	24.350	DB 042 018-2	b	Dampflok-Gesellschaft München, Augsburg	
41 024	Henschel	1938	24.326	DB 042 024-0	nb	Eisenbahnmuseum Darmstadt-Kranichstein	Ölhauptfeuerung
41 052	Henschel	1938	24.354	DB 042 052-7	nb	Osnabrücker Dampflokfreunde	Ölhauptfeuerung
41 073	Borsig	1939	14.794	DB 042 073-7	i.A.	Eurovapor, Haltingen	Ölhauptfeuerung

Nummer	Hersteller	Baujahr	Fabrik-Nr.	Letzte BV und Nr.	Zustand	Besitzer und Standort	Bemerkungen
41 096	Krupp	1939	1.918	DB 042 096-8	b	Dampflok-Gemeinschaft 41 096, Klein Mahner	Ölhauptfeuerung
41 113	Krupp	1939	1.935	DB 042 113-1	nb	Auto-Technik Museum Sinsheim	Ölhauptfeuerung
41 186	ME	1939	4.357	DB 042 186-7	nb	EF »Flügelrad« Oderberg, Dieringhausen	Ölhauptfeuerung
41 226	Henschel	1940	24.793	DB 042 226-1	nb	privat, Tuttlingen	Ölhauptfeuerung
41 241	Borsig	1939	14.820	DB 042 241-0	b	BSW-Gruppe Essen, Oberhausen	Ölhauptfeuerung
41 271	Borsig	1940	14.850	DB 042 271-7	nb	Rendsburger EF, Neumünster	Ölhauptfeuerung
41 360	Jung	1940	9.318	DB 042 360-8	b	BSW-Gruppe Essen, Oberhausen	Ölhauptfeuerung
41 363	Jung	1940	9.322	DB 042 363-0	nb	Dampflok-Gesellschaft München, Augsburg	Ölhauptfeuerung

Baureihe 41 (Rekolok DR)

Nummer	Hersteller	Baujahr	Fabrik-Nr.	Letzte BV und Nr.	Zustand	Besitzer und Standort	Bemerkungen
41 025	Henschel	1938	24.327	DR 41 1025-0	nb	privat, Hermeskeil	
41 122	BMAG	1939	11.061	DR 41 1122-5	i.A.	privat, z.Z. Raw Meiningen	
41 125	BMAG	1939	11.064	DR 41 1125-8	Dsp	privat, Bw Falkenberg	
41 137	Schichau	1939	3.343	DR 41 1137-3	nb	privat, Hermeskeil	
41 144	Schichau	1939	3.350	DR 41 1144-9	i.A.	IG Werrabahn, Eisenach	
41 150	Schichau	1939	3.356	DR 41 1150-6	b	BEM Nördlingen	
41 185	O&K	1939	13.177	DR 41 1185-2	b	DB AG, VM Nürnberg	
41 225	Henschel	1940	24.792	DR 41 1225-6	nb	SEM Chemnitz-Hilbersdorf	
41 231	Borsig	1939	14.812	DR 41 1231-4	i.A.	Traditions-Bw Staßfurt	
41 289	Schichau	1939	3.377	DR 41 1289-2	Dsp	privat, Bw Falkenberg	
41 303	Jung	1939	8.692	DR 41 1303-1	Dsp	Verein »Hei Na Ganzlin« Röbel (Müritz)	

Baureihe 42 (Kriegslok)

Nummer	Hersteller	Baujahr	Fabrik-Nr.	Letzte BV und Nr.	Zustand	Besitzer und Standort	Bemerkungen
42 1504	ME	1944	4.874	PKP Ty 43-137	nb	Technik-Museum Speyer	
42 2752	WLF	1949	17.638	BDZ 16.14	Denkmal	Fa. Bender, Opladen	
42 2768	WLF	1949	17.654	BDZ 16.16	nb	BEM Nördlingen	

Baureihe 43 (Einheitslok)

Nummer	Hersteller	Baujahr	Fabrik-Nr.	Letzte BV und Nr.	Zustand	Besitzer und Standort	Bemerkungen
43 001	Henschel	1927	20.726	DR 43 001	nb	VM Dresden, SEM Chemnitz-Hilbersdorf	

Baureihe 44 (Einheitslok)

Nummer	Hersteller	Baujahr	Fabrik-Nr.	Letzte BV und Nr.	Zustand	Besitzer und Standort	Bemerkungen
44 100	Henschel	1939	24.269	DB 043 100-7	nb	Auto+Technik Museum Sinsheim	Ölhauptfeuerung
44 105	Krupp	1939	1.879	DR 44 2105-5	nb	privat, Bw Falkenberg	
44 140	KM	1938	15.668	DR 44 2140-0	nb	privat, Bw Falkenberg	
44 154	Schichau	1938	3.340	DR 44 2154-1	Dsp	privat, Bw Falkenberg	
44 167	BMAG	1938	10.983	DR 44 2167-3	nb	privat, Hermeskeil	
44 177	Krupp	1939	1.997	DR PmH 10	Dsp	privat, Hermeskeil	
44 193	Krupp	1939	2.015	DR 44 2193-9	nb	BSW-Gruppe Nossen	in Einzelteile zerlegt
44 196	Krupp	1939	2.018	DR 44 2196-2	nb	privat, Hermeskeil	
44 225	BMAG	1939	11.279	DR 44 2225-9	nb	Lausitzer-Dampflok-Club Cottbus	große Windleitbleche
44 264	Schichau	1939	3.390	DR 44 2264-8	nb	privat, Hermeskeil	
44 276	KM	1940	15.745	DB 044 276-4	nb	DDM Neuenmarkt-Wirsberg	
44 351	Borsig	1941	15.032	DR 44 2351-3	nb	Wülknitz	
44 381	ME	1941	4.446	DB 043 381-3	nb	BEM Nördlingen	
44 389	Henschel	1941	25.998	DB 044 389-5	Denkmal	Altenbeken	
44 394	Henschel	1941	26.003	DR 44 2394-3	nb	privat, Bw Falkenberg	
44 397	Henschel	1941	26.006	DR 44 2397-6	nb	EBG, Eisenbahnmuseum Prora	
44 404	Henschel	1941	26.013	DB 044 404-2	b	Eisenbahnmuseum Darmstadt-Kranichstein	
44 434	Henschel	1941	26.043	DB 044 434-9	nb	privat, Hermeskeil	
44 481	Henschel	1941	26.090	DB 044 481-0	Denkmal	Bombardier-Werk Kassel	
44 500	KM	1941	16.105	DR PmH 3	Dsp	privat, Hermeskeil	
44 508	KM	1941	16.113	DB 044 508-0	i.A.	BSW-Gruppe Koblenz, Siershahn	
44 546	KM	1941	16.151	DR 44 2546-9	nb	BEM Nördlingen	
44 594	Krupp	1941	2.242	DB 044 594-0	nb	DB AG, Eisenbahnfreunde Salzwedel	
44 606	Krupp	1941	2.254	DB 043 606-3	Denkmal	Wilhelmshaven	Ölhauptfeuerung
44 635	Schichau	1941	3.460	DR PmH 6	Dsp	privat, Hermeskeil	
44 663	Borsig	1941	15.119	DR 44 2663-5	Dsp	privat, Staßfurt	
44 687	WLF	1941	9.274	DR 44 2687-0	nb	EBG, Hameln	
44 903	Batignolles	1943	695	DB 043 903-4	Denkmal	Emden	Ölhauptfeuerung
44 1040	WLF	1942	9.396	DR PmH 8	nb	privat, Hermeskeil	
44 1056	WLF	1942	9.412	DR 44 1056-0	nb	privat, Hermeskeil	
44 1085	WLF	1942	9.441	DB 043 085-0	Denkmal	Köln-Porz	Ölhauptfeuerung
44 1093	WLF	1942	9.449	DR 44 0093-3	nb	DB AG, Arnstadt	Ölhauptfeuerung,
44 1106	Borsig	1942	15.155	DR 44 1106-6	nb	privat, Hermeskeil	große Windleitbleche

Nummer	Hersteller	Baujahr	Fabrik-Nr.	Letzte BV und Nr.	Zustand	Besitzer und Standort	Bemerkungen
44 1121	Borsig	1942	15.170	DB 043 121-3	nb	privat, Tuttlingen	Ölhauptfeuerung
44 1182	Krupp	1942	2.684	DR 44 1182-4	nb	Traditions-Bw Staßfurt	Ölhauptfeuerung
44 1203	Krupp	1942	2.705	DB 043 196-5	Denkmal	Salzbergen	
44 1251	Borsig	1942	15.237	DR 44 1251-6	nb	privat, Hermeskeil	
44 1315	Krupp	1942	2.737	DB 043 315-1	nb	Stadt Kornwestheim, Bw Kornwestheim	Ölhauptfeuerung
44 1338	Krupp	1942	2.760	DR PmH 10	i.A.	IG Werrabahn, SEM Chemnitz-Hilbersdorf	
44 1377	Krupp	1942	2.799	DB 044 377-0	nb	DGEG, Bochum-Dahlhausen	
44 1378	Krupp	1942	2.980	DR 44 1378-7	nb	Süddeutsches Eisenbahn-Museum Heilbronn	
44 1412	Schichau	1942	3.604	DR 44 1412-4	nb	privat, Hermeskeil	
44 1424	Fives-Lille	1943	5.004	DB 044 424-0	nb	Unterfränkisches Verkehrsmuseum Gemünden	
44 1486	Schneider	1943	4.728	DR 44 1486-8	b	Traditions-Bw Staßfurt	
44 1489	Schneider	1943	4.731	DR 44 0489-3	Dsp	Süddeutsches Eisenbahn-Museum Heilbronn	
44 1537	Borsig	1943	15.376	DR 44 1537-8	nb	privat, Hermeskeil	
44 1558	Borsig	1943	15.397	DB 044 556-9	nb	Hammer Eisenbahnfreunde	
44 1595	Grafen	1943	7.865	DR 44 1595-1	Dsp	privat, Staßfurt	
44 1614	Krenau	1943	1.102	DR 44 1614-5	nb	privat, Standort z.Z. unbekannt	
44 1616	Krenau	1943	1.104	DR 44 1616-0	nb	privat, Gerolstein	
44 1623	Krenau	1943	1.111	DR 44 1623-6	Dsp	privat, Bw Falkenberg	
44 1681	Schichau	1942	3.633	DB 043 681-6	nb	EF »Flügelrad« Oderberg, Dieringhausen	Ölhauptfeuerung

Baureihe 45 (Einheitslok, Umbaulok DB)

Nummer	Hersteller	Baujahr	Fabrik-Nr.	Letzte BV und Nr.	Zustand	Besitzer und Standort	Bemerkungen
45 010	Henschel	1940	24.803	DB 045 010-6	nb	DB AG, VM Nürnberg	

Baureihe 50 (Einheitslok)

Nummer	Hersteller	Baujahr	Fabrik-Nr.	Letzte BV und Nr.	Zustand	Besitzer und Standort	Bemerkungen
50 001	Henschel	1939	24.355	DB 050 001-7	nb	DTM Berlin	große Windleitbleche
50 413	BMAG	1940	11.411	DB 050 413-4	nb	Auto+Technik Museum Sinsheim	
50 607	Henschel	1940	25.826	DB 050 607-1	nb	privat, Hermeskeil	
50 622	Henschel	1940	25.841	DB 050 622-0	nb	DB AG, VM Nürnberg	
50 685	WLF	1940	3406	GKB 50.685	nb	HEF, Technik-Museum Speyer	
50 778	Henschel	1941	25.862	DB 050 778-0	nb	BEM Nördlingen	

Nummer	Hersteller	Baujahr	Fabrik-Nr.	Letzte BV und Nr.	Zustand	Besitzer und Standort	Bemerkungen
50 794	Henschel	1941	25.878	DB 050 794-7	Denkmal	Freizeitpark Tolk (bei Schleswig)	große Windleitbleche
50 849	KM	1940	16.058	DR 50 1849-4	nb	DB AG, Glauchau	Kabinentender
50 904	Krupp	1940	2.365	DB 050 904-2	nb	DDM Neuenmarkt-Wirsberg	
50 955	Krupp	1940	2.320	DR 50 1955-9	Dsp	BEM Nördlingen	Riggenbach-Gegendruckbremse
50 975	Krupp	1940	2.340	DB 050 975-2	nb	DDM Neuenmarkt-Wirsberg	
50 1446	Henschel	1941	26.256	DB 051 446-0	nb	privat, Hermeskeil	
50 1650	KM	1942	16.193	DB 051 650-0	Denkmal	Aulendorf	
50 1724	Krupp	1941	2.564	DB 051 724-3	nb	Eisenbahn-Verkehrs GmbH, Linz am Rhein	
50 1832	BMAG	1941	11.730	DB 051 832-4	nb	privat, Hermeskeil	
50 2146	Franco	1943	2.568	DR 50 2146-4	Denkmal	Weiden (Oberpfalz)	
50 2404	KM	1942	16.279	DB 052 404-1	nb	DB AG, BSW-Gruppe Essen, Oberhausen	
50 2429	Krupp	1942	2594	DB 052 429-9	nb	Industriemuseum Oberhausen	
50 2613	BMAG	1942	11.863	DB 052 613-7	nb	Schwäbisches Bauern- und Technikmuseum Seifertshofen	
50 2652	DWM	1943	415	DR 50 2652-1	Denkmal	Kaiserslautern	
50 2740	Henschel	1942	26.808	DR 50 2740-4	b	UEF, Ettlingen	
50 2838	KM	1943	16.355	DB 052 838-0	nb	privat, Tuttlingen	
50 2908	BMAG	1942	11.964	DB 052 908-1	Denkmal	Lauda	
50 2988	WLF	1942	9.575	DB 052 988-3	i.A.	Eurovapor, Wutachtalbahn	
50 3014	ME	1942	4.505	DR 50 3014-3	nb	privat, Hermeskeil	
50 3031	ME	1942	4.522	DB 053 031-1	nb	privat, Lindlar-Linde	
50 3075	O&K	1943	14.201	DB 053 075-8	nb	DGEG, Bochum-Dahlhausen	große Windleitbleche

Baureihe 50^{35}, 50^{60} (Rekolok DR)

Nummer	Hersteller	Baujahr	Fabrik-Nr.	Letzte BV und Nr.	Zustand	Besitzer und Standort	Bemerkungen
50 3501	Borsig	1940	14.970	DR 50 3501-9	b	Dampflokwerk Meiningen	Reko aus 50 380; Oberflächenvorwärmer
50 3517	O&K	1941	13.548	DR 50 3517-5	nb	Eisenbahnfreunde Salzwedel	Reko aus 50 1286
50 3518	Schichau	1941	3.433	DR 50 3518-3	nb	privat, Bw Falkenberg	Reko aus 50 1008
50 3521	Henschel	1940	24.968	DR 50 3521-1	nb	privat, Rostock	Reko aus 50 334
50 3522	Borsig	1941	15.083	DR 50 3522-5	nb	Verein »Hei Na Ganzlin« Röbel (Müritz)	Reko aus 50 1368
50 3523	Krupp	1941	2.546	DR 50 3523-3	nb	Eisenbahnclub Selb-Rehau	Reko aus 50 1706
50 3525	BMAG	1941	11.774	DR 50 3525-8	nb	privat, Bw Falkenberg	Reko aus 50 1876
50 3527	Henschel	1941	26.281	DR 50 3527-4	i.A.	Verein Pommerania Pasewalk	Reko aus 50 1471

Nr.	Hersteller	Jahr	Nr.	DR-Nr.		Standort	Bemerkung
50 3536	BMAG	1941	11.560	DR 50 3536-5	nb	*Standort z.Z. unbekannt*	Reko aus 50 1071
50 3539	Henschel	1942	26.604	DR 50 3539-9	b	privat, Leihgabe UEF Ettlingen	Reko aus 50 2273
50 3540	DWM	1942	400	DR 50 3540-7	Dsp	privat, Tuttlingen	Reko aus 50 2226
50 3545	ME	1941	4.460	DR 50 3545-6	b	Dampfbahn Kochertal, Gaildorf	Reko aus 50 1385
50 3552	BMAG	1942	11.630	DR 50 3552-2	i.A.	Eisenbahnfreunde Salzwedel	Reko aus 50 1336
50 3553	KM	1939	15.754	DR 50 3553-0	nb	privat, Hermeskeil	Reko aus 50 235
50 3554	BMAG	1941	11.614	DR 50 3554-8	Dsp	privat, Tuttlingen	Reko aus 50 1320
50 3555	WLF	1942	9.582	DR 50 3555-5	nb	privat, Hermeskeil	Reko aus 50 2995
50 3556	Henschel	1941	26.299	DR 50 3556-3	Dsp	Traditions-Bw Staßfurt	Reko aus 50 1489
50 3557	KM	1941	16.251	DR 50 3557-1	Dsp	privat, Bw Falkenberg	Reko aus 50 2376
50 3559	Henschel	1941	26.296	DR 50 3559-7	Denkmal	Erftstadt-Liblar	Reko aus 50 1486
50 3562	Schichau	1941	3.482	DR 50 3562-1	Denkmal	Kirchweyhe	Reko aus 50 1782
50 3565	Henschel	1942	26.643	DR 50 3565-4	nb	BSW-Gruppe Oberhausen	Reko aus 50 2312; nur noch Rahmen und Kessel
50 3568	Krupp	1941	2.568	DR 50 3568-8	nb	privat, Bw Falkenberg	Reko aus 50 1728; teilweise verschrottet
50 3570	Henschel	1942	26.639	DR 50 3570-4	Denkmal	Nienburg (Weser)	Reko aus 50 2308
50 3576	Skoda	1941	1.185	DR 50 3576-1	nb	Schwaben-Dampf Neuoffingen	Reko aus 50 1106
50 3580	KM	1939	15.764	DR 50 3580-3	nb	EFZ, Tübingen	Reko aus 50 245; mit Oberflächen-Vorwärmer und großen Windleitblechen ausgerüstet
50 3599	DWM	1942	433	DR 50 3599-3	Denkmal	Wismar	Reko aus 50 2259; Rauchkammer und vorderes Rahmenteil aufgestellt
50 3600	Henschel	1941	25.859	DR 50 3600-0	nb	BEM Nördlingen	Reko aus 50 775
50 3603	Krupp	1942	2.657	DR 50 3603-3	Dsp	privat, Tuttlingen	Reko aus 50 2492
50 3604	Krupp	1940	2.173	DR 50 3604-1	Dsp	privat, Tuttlingen	Reko aus 50 398
50 3606	BMAG	1942	11.887	DR 50 3606-6	nb	Magdeburger Eisenbahnfreunde, Staßfurt	Reko aus 50 2637
50 3610	Schichau	1941	3.469	DR 50 3610-8	b	EF »Flügelrad« Oderberg, Dieringhausen	Reko aus 50 1768
50 3616	Schichau	1949	3.415	DR 50 3616-5	b	VSE, Schwarzenberg	Reko aus 50 453
50 3624	DWM	1942	401	DR 50 3624-9	nb	Eisenbahnfreunde Salzwedel	Reko aus 50 2228
50 3626	KM	1942	16.260	DR 50 3626-4	nb	Thüringer Eisenbahn-Verein Weimar	Reko aus 50 2385
50 3628	ME	1942	4.489	DR 50 3628-0	nb	SEM Chemnitz-Hilbersdorf	Reko aus 50 2678
50 3631	Borsig	1942	14.891	DR 50 3631-4	Dsp	privat, Bw Falkenberg	Reko aus 50 160
50 3635	Henschel	1941	26.303	DR 50 3635-5	nb	privat, Bw Falkenberg	Reko aus 50 1493
50 3636	O&K	1941	13.535	DR 50 3636-3	b	GES Stuttgart	Reko aus 50 996

50 3637	KM	1942	16.169	DR 50 3637-5	nb	Verein »Hei Na Ganzlin« Röbel (Müritz)	Reko aus 50 1626
50 3638	Henschel	1941	26.247	DR 50 3638-9	i.A.	Verein »Hei Na Ganzlin« Röbel (Müritz)	Reko aus 50 1437
50 3642	BMAG	1941	11.600	DR 50 3642-1	nb	privat, Bw Falkenberg	Reko aus 50 1306
50 3645	DWM	1942	418	DR 50 3645-4	nb	Standort z.Z. unbekannt	Reko aus 50 1831
50 3648	Krupp	1941	2.332	DR 50 3648-8	b	SEM Chemnitz-Hilbersdorf	Reko aus 50 967
50 3649	BMAG	1942	11.932	DR 50 3649-6	nb	privat, Hermeskeil	Reko aus 50 2876
50 3652	Henschel	1940	25.794	DR 50 3652-0	Dsp	privat, Bw Falkenberg	Reko aus 50 575
50 3655	Borsig	1942	15.214	DR 50 3655-3	b	»Eisenbahn-Tradition e. V.« Lengerich	Reko aus 50 2200
50 3657	BMAG	1941	11.583	DR 50 3657-9	Dsp	privat, Tuttlingen	Reko aus 50 1094
50 3658	Krupp	1940	2.362	DR 50 3658-7	nb	Vogtländischer Eisenbahnverein Adorf	Reko aus 50 901
50 3661	WLF	1941	9.158	DR 50 3661-1	nb	z.Z. in Meiningen abgestellt	Reko aus 50 1224
50 3662	WLF	1940	9.183	DR 50 3662-9	nb	privat, Hermeskeil	Reko aus 50 1249
50 3666	Franco	1943	2.567	DR 50 3666-0	b	Hohe-Venn-Bahn Raeren	Reko aus 50 2145; Öl-hauptfeuerung
50 3673	Borsig	1941	15.062	DR 50 3673-6	b	privat, Hanau	Reko aus 50 1347
50 3680	Henschel	1940	24.716	DR 50 3680-1	b	EF »Flügelrad« Oderberg, Dieringhausen	Reko aus 50 096
50 3682	KM	1939	15.774	DR 50 3682-7	b	Salzwedel	Reko aus 50 255
50 3684	Borsig	1940	14.938	DR 50 3684-3	i.A.	Eisenbahnfreunde Schwalm-Knüll, Treysa	Reko aus 50 290
50 3685	KM	1940	16.037	DR 50 3685-0	nb	Eisenbahnfreunde Salzwedel	Reko aus 50 828
50 3688	Skoda	1941	1.175	DR 50 3688-4	nb	DB AG, Arnstadt	Reko aus 50 1096
50 3690	Henschel	1941	26.275	DR 50 3690-0	nb	privat, DDM Neuenmarkt-Wirsberg	Reko aus 50 1465
50 3691	WLF	1941	9.139	DR 50 3691-8	i.A.	»Hessencourier« Naumburg	Reko aus 50 1205
50 3693	Jung	1942	9.984	DR 50 3693-4	Dsp	privat, Bw Falkenberg	Reko aus 50 1614
50 3694	Krupp	1940	2.180	DR 50 3694-2	nb	Leihgabe an Rendsburger EF, Neumünster	Reko aus 50 405
50 3695	BMAG	1941	11.555	DR 50 3695-9	b	Traditions-Bw Staßfurt	Reko aus 50 1066
50 3700	Krupp	1939	2.083	DR 50 3700-7	nb	Traditions-Bw Staßfurt	Reko aus 50 217
50 3703	KM	1941	16.087	DR 50 3703-1	nb	EBG, Eisenbahnmuseum Prora	Reko aus 50 499
50 3705	O&K	1941	13.542	DR 50 3705-6	nb	privat, Treysa	Reko aus 50 1280
50 3707	Henschel	1940	25.843	DR 50 3707-2	Denkmal	Berlin-Tempelhof	Reko aus 50 624
50 3708	BMAG	1941	11.603	DR 50 3708-0	b	IG 50 3708 e.V. Halberstadt	Reko aus 50 1309
50 0072	KM	1939	15.832	DR 50 0072-4	b	BEM Nördlingen	Reko aus 50 481, Umbau Öl aus 50 3502

Baureihe 50^{40} (Neubaulok DR)

Nummer	Hersteller	Baujahr	Fabrik-Nr.	Letzte BV und Nr.	Zustand	Besitzer und Standort	Bemerkungen
50 4073	LKM	1960	124.073	DR 50 4073-4	Dsp	BEM Nördlingen, z.Z. in Meiningen abgestellt	

Baureihe 52 (Kriegslok)

Nummer	Hersteller	Baujahr	Fabrik-Nr.	Letzte BV und Nr.	Zustand	Besitzer und Standort	Bemerkungen
52 360	Borsig	1942	12.226	DR 52 1360-8	b	Eisenbahnmuseum Vienenburg	Mischvorwärmer
52 662	Schichau	1944	4.114	DR 52 1662-6	nb	privat, Hermeskeil	
52 1423	ME	1943	4.609	DR 52 1423-4	nb	privat, Hermeskeil	
52 2093	Henschel	1943	26.849	DR 52 2093-4	nb	privat, Hermeskeil	
52 2195	Henschel	1943	27.046	DR 52 2195-7	nb	BEM Nördlingen	
52 2202	Henschel	1943	27.053	DR 52 2202-1	Dsp	EBG, Hameln	
52 2751	Henschel	1944	27.991	DR 52 2751-1	nb	Marl	als Ausstellungsstück »La Tortuga« auf den Kopf gestellt und in einer Grube versenkt
52 3109	Jung	1943	11.120	GKB 152.3109	nb	Auto+Technik Museum Sinsheim	
52 3548	KM	1943	16.685	DR 52 3548-6	nb	BEM Nördlingen	Mischvorwärmer
52 3915	O&K	1944	?	SZD TE 3915	nb	Technik-Museum Speyer	
52 4544	DWM	1944	861	PMP Ty 2-4544	i.A.	»Hessencourier« Naumburg	
52 4867	O&K	1943	13.931	ÖBB 52.4867	nb	HEF, Frankfurt (Main)	
52 4924	O&K	1943	13.994	DR 52 4924-8	nb	SEM Chemnitz-Hilbersdorf	
53 4966	O&K	1944	14.036	DR 52 4966-9	nb	DTM Berlin	
52 5448	Schichau	1943	3.726	DR 52 5448-7	nb	EMBB, Leipzig-Plagwitz	Mischvorwärmer
52 5679	Schichau	1943	3.957	DR 52 5679-7	Denkmal	Falkenberg	
52 5804	Schichau	1944	4.101	ÖBB 52.5804	nb	DDM Neuenmarkt-Wirsberg	
52 5933	BMAG	1943	12.359	SZD TE 5933	b	EBG Hameln	
52 6356	BMAG	1944	12.809	DR 52 6356-5	Dsp	privat, Bw Falkenberg	
52 6666	Skoda	1943	1.492	DR 52 6666-6	nb	DB AG, Berlin-Schöneweide	
52 6721	WLF	1943	16.172	DR 52 6721-6	nb	privat, Hermeskeil	
52 7409	WLF	1943	16.862	GKB 52.7409	nb	Stadt Würzburg, Leihgabe BSW-Gruppe Würzburg	
52 7596	WLF	1944	16.942	ÖBB 52.7599	b	EFZ, Tübingen	

Baureihe 52^{Kst} (Umbaulok DR)

Nummer	Hersteller	Baujahr	Fabrik-Nr.	Letzte BV und Nr.	Zustand	Besitzer und Standort	Bemerkungen
52 4900	O&K	1943	13.970	DR 52 9900-6	nb	VM Dresden, Halle (Saale)	

Baureihe 52⁸⁰ (Rekolok DR)

Nummer	Hersteller	Baujahr	Fabrik-Nr.	Letzte BV und Nr.	Zustand	Besitzer und Standort	Bemerkungen
52 8001	Schichau	1944	4.124	DR 52 8001-1	nb	Oebisfelde	Reko aus 52 671; bei Schrotthändler hinterstellt
52 8004	Henschel	1943	27.794	DR 52 8004-7	nb	EBG, Hameln	Reko aus 52 2616
52 8006	Henschel	1944	27.822	DR 52 8006-0	nb	privat, Hermeskeil	Reko aus 52 2644
52 8007	Henschel	1943	27.728	DR 52 8007-8	nb	privat, Bw Falkenberg	Reko aus 52 2560
52 8008	WLF	1944	16.953	DR 52 8008-6	Dsp	privat, Bw Falkenberg	Reko aus 52 7605
52 8009	Grafen	1943	7.872	DR 52 8009-4	Dsp	privat, Bw Falkenberg	Reko aus 52 1605
52 8012	O&K	1944	14.014	DR 52 8012-8	nb	Wutachtalbahn, Zollhaus-Blumberg	Reko aus 52 4944
52 8013	ME	1944	4.827	DR 52 8013-6	Dsp	privat, Bw Falkenberg	Reko aus 52 3734
52 8014	Krenau	1943	1.216	DR 52 8014-4	Dsp	*Standort z.Z. unbekannt*	Reko aus 52 5207
52 8015	KM	1943	16.590	DR 52 8015-1	nb	EBG, Hameln	Reko aus 52 3464
52 8017	O&K	1944	14.170	DR 052 017-1	nb	Eurovapor, Basdorf	Reko aus 52 2916
52 8019	Grafen	1944	7.978	DR 52 8019-3	Dsp	privat, Tuttlingen	Reko aus 52 1711
52 8020	Schichau	1943	Stl 117	DR 52 8020-1	Dsp	privat, Tuttlingen	Reko aus 52 627
52 8021	Skoda	1943	1.510	DR 52 8021-9	Dsp	privat, Bw Falkenberg	Reko aus 52 6684
52 8023	Henschel	1944	27.884	DR 52 8023-5	Dsp	privat, Bw Falkenberg	Reko aus 52 2706
52 8028	BMAG	1944	13.130	DR 52 8028-8	nb	privat, Weferlingen	Reko aus 52 563
52 8029	O&K	1944	14.103	DR 52 8029-2	b	Verein »Hei Na Ganzlin« Röbel (Müritz)	
52 8030	O&K	1944	14.091	DR 52 8030-0	Dsp	privat, Bw Falkenberg	Reko aus 52 5018
52 8034	WLF	1944	16.931	DR 52 8034-2	Denkmal	Simbach	Reko aus 52 5012
52 8035	Schichau	1943	4.052	DR 52 8035-9	Dsp	privat, Bw Falkenberg	Reko aus 52 7583
52 8036	Grafen	1943	7.884	DR 52 8036-7	Dsp	privat, Bw Falkenberg	Reko aus 52 5761
52 8037	Henschel	1944	27.905	DR 52 8037-5	i.A.	Rinteln	Reko aus 52 1617
52 8038	Krenau	1943	1.289	DR 52 8038-3	b	Rinteln	Reko aus 52 712
52 8039	Henschel	1944	27.952	DR 52 8039-1	nb	IG Werrabahn, SEM Chemnitz-Hilbersdorf	Reko aus 52 5274
52 8041	Krenau	1943	1.252	DR 52 8041-7	nb	BSW-Gruppe Lutherstadt Wittenberg	Reko aus 52 2720
52 8042	WLF	1943	16.575	DR 52 8042-5	Dsp	privat, Bw Falkenberg	Reko aus 52 5243
52 8043	Borsig	1942	15.455	DR 52 8043-3	Dsp	privat, Tuttlingen	Reko aus 52 7122
52 8044	KM	1943	16.581	DR 52 8044-1	Dsp	privat, Bw Falkenberg	Reko aus 52 358
52 8047	BMAG	1944	12.812	DR 52 8047-4	nb	BSW-Gruppe Nossen	Reko aus 52 3453
52 8051	WLF	1943	16.232	DR 52 8051-6	Dsp	privat, Tuttlingen	Reko aus 52 6359
52 8055	Grafen	1943	7.916	DR 52 8055-7	i.A.	EFZ, Tübingen	Reko aus 52 6779; Reko aus 52 1649; Lok soll modernisiert werden.
52 8056	WLF	1943	16.231	DR 52 8056-5	Denkmal	Bautzen	Reko aus 52 6778

Nr.	Hersteller	Baujahr		DR-Nr.		Standort	Reko
52 8057	WLF	1943	16.701	DR 52 8057-3	Dsp	privat, Tuttlingen	Reko aus 52 7248
52 8058	WLF	1944	17.065	DR 52 8058-1	nb	z.Z. in Meiningen abgestellt	Reko aus 52 7717
52 8060	Jung	1943	11.204	DR 52 8060-7	nb	Walburg	Reko aus 52 3193
52 8062	Henschel	1943	27.635	DR 52 8062-3	nb	privat, Treuenbrietzen	Reko aus 52 5118
52 8063	DWM	1943	552	DR 52 8063-1	Denkmal	Heimatmuseum Falkenberg	Reko aus 52 1108
52 8064	BMAG	1943	12.452	DR 52 8064-9	nb	Klein Mahner	Reko aus 52 6011
52 8068	Jung	1944	11.322	DR 52 8068-0	i.A.	SEM Chemnitz-Hilbersdorf	Reko aus 52 3311
52 8069	Henschel	1943	27.050	DR 52 8069-8	Dsp	privat, Tuttlingen	Reko aus 52 2199
52 8070	Jung	1943	11.234	DR 52 8070-6	Dsp	privat, Bw Falkenberg	Reko aus 52 3223
52 8072	Henschel	1943	27.555	DR 52 8072-2	Dsp	privat, Bw Falkenberg	Reko aus 52 2387
52 8075	DWM	1944	733	DB AG 052 075-9	b	IG Werrabahn Eisenach	Reko aus 52 1292
52 8077	ME	1943	4.640	DR 52 8077-1	nb	Dampfbahn Kochertal, Gaildorf	Reko aus 52 1454
52 8079	Schichau	1943	3.937	DB AG 052 079-1	b	Schwaben-Dampf Neuoffingen	Reko aus 52 5659
52 8080	O&K	1944	14.094	DR 52 8080-5	nb	Löbau	Reko aus 52 5015
52 8083	O&K	1944	14.076	DR 52 8083-1	nb	EBG, Hameln	Reko aus 52 3699
52 8085	DWM	1944	829	DR 52 8085-4	Dsp	privat, Bw Falkenberg	Reko aus 52 4512
52 8086	Henschel	1943	27.463	DR 52 8086-2	Denkmal	Radevormwald	Reko aus 52 2295
52 8087	Henschel	1943	27.623	DB AG 052 087-4	nb	Schwaben-Dampf Neuoffingen	Reko aus 52 2455
52 8089	Henschel	1944	27.827	DR 52 8089-6	Dsp	privat, Bw Falkenberg	Reko aus 52 2649
52 8090	O&K	1944	14.362	DR 52 8090-4	Dsp	privat, Hermeskeil	Reko aus 52 7778
52 8092	Grafen	1943	7.871	DR 52 8092-0	Dsp	privat, Bw Falkenberg	Reko aus 52 1604
52 8095	BMAG	1943	12.547	DR 52 8095-3	b	EF »Flügelrad« Oderberg, Dieringhausen	
52 8097	Henschel	1944	27.879	DR 52 8097-9	nb	*Standort z.Z. unbekannt*	Reko aus 52 6106
52 8098	KM	1943	16.546	DR 52 8098-7	nb	Süddeutsches Eisenbahn-Museum Heilbronn	Reko aus 52 2701
52 8100	DWM	1943	559	DR 52 8100-1	Dsp	privat, Bw Falkenberg	Reko aus 52 3420
52 8102	WLF	1944	16.898	DR 52 8102-7	Dsp	privat, Bw Falkenberg	Reko aus 52 1145
52 8104	Schichau	1943	3.882	DR 52 8104-3	Dsp	privat, Bw Falkenberg	Reko aus 52 7550
52 8106	BMAG	1943	12.600	DR 52 8106-8	i.A.	Eisenbahnfreunde Schwalm-Knüll, Treysa	Reko aus 52 5584
52 8109	Henschel	1944	27.240	DR 52 8109-2	nb	Thüringer Eisenbahn-Verein Weimar	Reko aus 52 6159
52 8111	BMAG	1943	12.433	DR 52 8111-8	Dsp	privat, Tuttlingen	Reko aus 52 2883
52 8113	DWM	1943	573	DR 52 8113-4	nb	privat, Hermeskeil	Reko aus 52 5992
52 8115	KM	1943	16.705	DR 52 8115-9	Denkmal	Hoyerswerda	Reko aus 52 1159
52 8116	KM	1943	16.480	DR 52 8116-7	nb	EF »Flügelrad« Oderberg, Dieringhausen	Reko aus 52 3568
52 8117	WLF	1943	16.674	DR 052 117-9	nb	z.Z. in Meiningen abgestellt	Reko aus 52 3354 / Reko aus 52 7221

52 8118	Henschel	1943	27.031	DR 52 8118-3	nb	privat, Brandenburg	Reko aus 52 2180
52 8120	Henschel	1944	27.830	DR 52 8120-9	nb	privat, Hermeskeil	Reko aus 52 2652
52 8121	Schichau	1943	3.863	DR 52 8121-7	b	EF Betzdorf	Reko aus 52 5585
52 8122	BMAG	1944	12.943	DR 52 8122-5	Dsp	privat, Bw Falkenberg	Reko aus 52 6390
52 8123	Grafen	1943	7.890	DR 52 8123-3	nb	privat, Hermeskeil	Reko aus 52 1633
52 8125	BMAG	1943	12.743	DR 52 8125-8	Dsp	privat, Tuttlingen	Reko aus 52 6300
52 8126	Borsig	1942	15.459	DR 52 8126-6	Dsp	privat, Bw Falkenberg	Reko aus 52 362
52 8129	DWM	1944	777	DR 52 8129-0	nb	privat, Brandenburg	Reko aus 52 1325
52 8130	DWM	1943	557	DR 52 8130-8	Dsp	privat, Tuttlingen	Reko aus 52 1143
52 8131	Jung	1943	11.229	DR 52 8131-6	nb	Eisenbahnfreunde Salzwedel	Reko aus 52 3218
52 8132	O&K	1944	14.373	DR 52 8132-4	Dsp	privat, Bw Falkenberg	Reko aus 52 7789
52 8133	ME	1943	4.729	DR 52 8133-2	Dsp	privat, Bw Falkenberg	Reko aus 52 7793
52 8134	WLF	1943	16.591	DB AG 052 134-0	i.A.	EF Betzdorf	Reko aus 52 7138
52 8135	Borsig	1943	15.571	DR 52 8135-7	Denkmal	Wildau	Reko aus 52 474
52 8137	Schichau	1944	4.100	DR 52 8137-3	nb	Traditions-Bw Staßfurt	Reko aus 52 5803
52 8138	WLF	1943	16.766	DR 52 8138-1	Dsp	privat, Tuttlingen	Reko aus 52 7313
52 8141	Krenau	1944	1.336	DR 52 8141-5	nb	Löbau	Reko aus 52 5315
52 8142	O&K	1943	13.977	DR 52 8142-3	Denkmal	Cottbus	Reko aus 52 4907
52 8145	DWM	1943	583	DR 52 8145-6	nb	Frankfurt (Oder)	Reko aus 52 1169
52 8147	Henschel	1944	27.826	DR 52 8147-2	Denkmal	Quedlinburg	Reko aus 52 2648
52 8148	BMAG	1943	13.114	DR 52 8148-0	i.A.	Düren	Reko aus 52 547
52 8149	Krenau	1944	1.395	DR 52 8149-8	nb	SEM Chemnitz-Hilbersdorf	Reko aus 52 3839; Giesl-Flachejektor
52 8152	BMAG	1943	12.523	DR 52 8152-2	nb	Brandenburg-Altstadt	Reko aus 52 6082
52 8154	O&K	1943	13.966	DR 52 8154-4	b	EMBB, Leipzig-Plagwitz	Reko aus 52 4896
52 8156	Schichau	1943	3.956	DR 52 8156-3	nb	Weferlingen	Reko aus 52 5678
52 8157	WLF	1943	16.282	DR 52 8157-1	Dsp	privat, Bw Falkenberg	Reko aus 52 6829
52 8161	Schichau	1943	3.797	DR 52 8161-3	nb	Traditions-Bw Staßfurt	Reko aus 52 5519
52 8163	BMAG	1943	12.437	DR 052 163-3	nb	z.Z. in Meiningen abgestellt	Reko aus 52 5996
52 8165	Krenau	1943	1.259	DR 52 8165-4	Denkmal	Hamburg-Farmsen	Reko aus 52 5250
52 8168	KM	1943	16.711	DR 52 8168-8	nb	BEM Nördlingen	Reko aus 52 3574
52 8169	DWM	1944	676	DR 52 8169-6	Dsp	privat, Tuttlingen	Reko aus 52 1248
52 8170	Jung	1944	11.265	DR 52 8170-4	Dsp	privat, Bw Falkenberg	Reko aus 52 3254
52 8171	ME	1943	4.738	DB AG 052 171-6	nb	Tambach-Dietharz	Reko aus 52 1514
52 8173	WLF	1944	17.082	DR 52 8173-8	nb	Standort z.Z. unbekannt	Reko aus 52 7734
52 8174	Henschel	1943	27.621	DR 52 8174-6	i.A.	Torgau	Reko aus 52 2453; äußerliche Aufarbeitung
52 8175	Jung	1943	11.223	DR 52 8175-3	Dsp	privat, Bw Falkenberg	Reko aus 52 3211

Nummer	Hersteller	Baujahr	Fabrik-Nr.	Letzte BV und Nr.	Zustand	Besitzer und Standort	Bemerkungen
52 8176	ME	1944	4.838	DR 52 8176-1	Dsp	privat, Tuttlingen	Reko aus 52 3871
52 8177	O&K	1944	14.057	DR 52 8177-9	nb	Berliner Dampflokfreunde, Schöneweide	
52 8183	Henschel	1944	27.834	DR 52 8183-7	nb	VSE, Schwarzenberg	Reko aus 52 4996
52 8184	WLF	1944	17.266	DR 52 8184-5	b	Traditions-Bw Staßfurt	Reko aus 52 2656
52 8185	Henschel	1944	28.210	DR 52 8185-3	Dsp	Lette	Reko aus 52 3722
52 8187	Henschel	1944	27.804	DR 52 8187-8	Dsp	privat, Bw Falkenberg	Reko aus 52 2858; Teile der Lok als Denkmal ausgestellt
52 8189	Krenau	1944	1.327	DR 52 8189-4	nb	Traditions-Bw Staßfurt	Reko aus 52 2626
52 8190	Henschel	1945	28.244	DR 52 8190-2	nb	EBG, Eisenbahnmuseum Prora	Reko aus 52 5306
52 8191	Henschel	1944	27.853	DR 52 8191-0	Dsp	privat, Tuttlingen	Reko aus 52 2887
52 8194	BMAG	1944	13.123	DR 52 8194-4	Dsp	privat, Bw Falkenberg Nürnberg	Reko aus 52 2675
52 8195	O&K	1943	13.971	DR 52 8195-1	b	privat, Hermeskeil	Reko aus 52 556
52 8197	WLF	1944	16.929	DR 52 8197-7	nb	privat, Tuttlingen	Reko aus 52 4901
52 8198	DWM	1943	640	DR 52 8198-5	Dsp	Bergbaumuseum Oelsnitz	Reko aus 52 7581
52 8199	Jung	1944	11.263	DR 52 8199-3	Denkmal		Reko aus 52 1217
							Reko aus 52 3252

Baureihe 53$^{70-71}$ (Länderbahnlok, preußische G 3)

Nummer	Hersteller	Baujahr	Fabrik-Nr.	Letzte BV und Nr.	Zustand	Besitzer und Standort	Bemerkungen
53 …	Hanomag	1884	1.759	KPEV Sbr 3143	nb	DB AG, VM Nürnberg	Lok war 1925 im endgültigen Umzeichnungsplan der DRG nicht mehr enthalten

Baureihe 55$^{0-6}$ (Länderbahnlok, preußische G 7^1)

Nummer	Hersteller	Baujahr	Fabrik-Nr.	Letzte BV und Nr.	Zustand	Besitzer und Standort	Bemerkungen
55 669	Henschel	1905	7.419	DR 55 669	nb	VM Dresden	Bemerkungen

Baureihe 55$^{16-22}$ (Länderbahnlok, preußische G 8)

Nummer	Hersteller	Baujahr	Fabrik-Nr.	Letzte BV und Nr.	Zustand	Besitzer und Standort	Bemerkungen
55 …	Hanomag	1913	6.721	TCDD 44.079	b	Eisenbahnmuseum Darmstadt-Kranichstein	Lok war 1925 im endgültigen Umzeichnungsplan der DRG nicht mehr enthalten; als »Münster 4981« im Einsatz

Baureihe 55²⁵⁻⁵⁶ (Länderbahnlok, preußische G 8²)

Nummer	Hersteller	Baujahr	Fabrik-Nr.	Letzte BV und Nr.	Zustand	Besitzer und Standort	Bemerkungen
55 3345	Henschel	1915	13.354	DB 055 345	nb	DGEG, Bochum-Dahlhausen	
55 3528	Hanomag	1915	7.587	DB 055 528-4	nb	Technik-Museum Speyer	

Baureihe 55⁷¹ (Länderbahnlok, bayerische BB I)

Nummer	Hersteller	Baujahr	Fabrik-Nr.	Letzte BV und Nr.	Zustand	Besitzer und Standort	Bemerkungen
55 7101	Maffei	1896	1.802	DRG 55 7101	nb	DGEG Neustadt (Weinstr.)	Lok war 1925 im endgültigen Umzeichnungsplan der DRG nicht mehr enthalten; teilweise aufgeschnitten

Baureihe 56³⁰ (Privatbahnlok)

Nummer	Hersteller	Baujahr	Fabrik-Nr.	Letzte BV und Nr.	Zustand	Besitzer und Standort	Bemerkungen
56 3007	LHW	1929	3.128	Zeche Alexander	nb	Eisenbahnmuseum Darmstadt-Kranichstein	ehemalige Lok Nr. 97 der LBE

Baureihe 57¹⁰⁻³⁵ (Länderbahnlok, preußische G 10)

Nummer	Hersteller	Baujahr	Fabrik-Nr.	Letzte BV und Nr.	Zustand	Besitzer und Standort	Bemerkungen
57 3088	Rhein	1922	550	DB 057 088-7	nb	DB AG, Haltingen	
57 3297	Hohen	1923	4.401	DR 57 3297	nb	VM Dresden	
57 3525	Rhein	1926	913	CFR 50.557	i.A.	BEM Nördlingen	Lok trug keine DRG-Nummer.

Baureihe 58²,⁴,⁵,¹⁰⁻²¹ (Länderbahnlok, badische G 12, preußische G 12)

Nummer	Hersteller	Baujahr	Fabrik-Nr.	Letzte BV und Nr.	Zustand	Besitzer und Standort	Bemerkungen
58 261	BBC	1921	5.001	DR 58 1261-5	nb	VM Dresden, SEM Chemnitz-Hilbersdorf	
58 311	MBG	1921	2.153	DR 58 1111-2	i.A.	UEF, Ettlingen	
58 1616	LHW	1920	1.948	Dsp Nr. ?	Dsp	privat, Hermeskeil	

Baureihe 58³⁰ (Rekolok DR)

Nummer	Hersteller	Baujahr	Fabrik-Nr.	Letzte BV und Nr.	Zustand	Besitzer und Standort	Bemerkungen
58 3047	Hanomag	1920	9.172	DR 58 3047-2	nb	VSE, Schwarzenberg	Reko aus 58 1725
58 3049	LHW	1920	2.027	DR 58 3049-6	nb	DB AG, Glauchau	Reko aus 58 1955

Baureihe 62 (Einheitslok)

Nummer	Hersteller	Baujahr	Fabrik-Nr.	Letzte BV und Nr.	Zustand	Besitzer und Standort	Bemerkungen
62 015	Henschel	1928	20.858	DR 62 1015-7	nb	DB AG, Dresden	

Baureihe 64 (Einheitslok)

Nummer	Hersteller	Baujahr	Fabrik-Nr.	Letzte BV und Nr.	Zustand	Besitzer und Standort	Bemerkungen
64 006	Borsig	1927	11.962	DB 064 006-0	nb	DGEG, Neustadt (Weinstr.)	
64 007	Borsig	1928	11.963	DR 64 1007-0	nb	VM Dresden, Schwerin	
64 019	Henschel	1927	20.731	DB 064 019-3	nb	Eisenbahnfreunde Selb	
64 094	Humboldt	1928	1.821	DB 064 094-0	nb	Förderverein Eisenbahnmuseum Kornwestheim	
62 289	Krupp	1934	1.298	DB 064 289-2	nb	EFZ, Tübingen	
64 295	ME	1923	4.249	DB 064 295-9	nb	DDM Neuenmarkt-Wirsberg	
63 317	Krupp	1934	1.320	DR 64 1317-3	Denkmal	Frankfurt (Oder)	
63 344	KM	1934	15.501	DB 064 344-4	nb	DB AG, Plattling	
64 355	KM	1935	15.504	DB 064 355-1	nb	Handwerksmuseum Hillstedt	
63 393	ME	1936	4.306	DB 064 393-3	Denkmal	DB AG, Konz	
64 419	ME	1936	4.312	DB 064 419-4	b	Dampfbahn Kochertal, Gaildorf	
64 446	KM	1938	15.625	DB 064 446-8	nb	DB AG, Glückstadt	
64 491	O&K	1940	13.298	DB 064 491-4	b	Dampfbahn Fränkische Schweiz, Ebermannstadt	
64 518	Jung	1940	9.268	DB 064 518-4	nb	Eurovapor, Haltingen	
64 520	Jung	1940	9.270	DB 064 520-0	nb	DB AG, Engen	

Baureihe 65⁰ (Neubaulok DR)

Nummer	Hersteller	Baujahr	Fabrik-Nr.	Letzte BV und Nr.	Zustand	Besitzer und Standort	Bemerkungen
65 1008	LKM	1955	121.006	DR 65 1008-5	nb	Verein Pommerania Pasewalk	
65 1049	LKM	1956	121.049	DR 65 1049-9	nb	DB AG, Arnstadt	
65 1057	LKM	1957	121.057	DR 65 1057-2	nb	Berliner EF, Berlin-Basdorf	

Baureihe 66 (Neubaulok DB)

Nummer	Hersteller	Baujahr	Fabrik-Nr.	Letzte BV und Nr.	Zustand	Besitzer und Standort	Bemerkungen
66 002	Henschel	1955	28.924	DB 66 002	nb	DGEG, Bochum-Dahlhausen	

Baureihe 70⁰ (Länderbahnlok, bayerische Pt 2/3)

Nummer	Hersteller	Baujahr	Fabrik-Nr.	Letzte BV und Nr.	Zustand	Besitzer und Standort	Bemerkungen
70 083	Krauss	1913	6.733	DB 70 083	i.A.	Stadt Mühldorf, z.Z in Meiningen	

Baureihe 74⁰⁻³ (Länderbahnlok, preußische T 11)

Nummer	Hersteller	Baujahr	Fabrik-Nr.	Letzte BV und Nr.	Zustand	Besitzer und Standort	Bemerkungen
74 231	Union	1908	1.602	EIB Nr. 2	b	Museums-Eisenbahn Minden	als »Hannover 7512« im Einsatz

Baureihe 74⁴⁻¹³ (Länderbahnlok, preußische T 12)

Nummer	Hersteller	Baujahr	Fabrik-Nr.	Letzte BV und Nr.	Zustand	Besitzer und Standort	Bemerkungen
74 1192	Hohen	1915	3.376	EIB Nr. 3	nb	DGEG, Bochum-Dahlhausen	
74 1230	Borsig	1916	9.523	DR 74 1230	nb	DB AG, Berlin-Grunewald	

Baureihe 75⁵ (Länderbahnlok, sächsische XIV HT)

Nummer	Hersteller	Baujahr	Fabrik-Nr.	Letzte BV und Nr.	Zustand	Besitzer und Standort	Bemerkungen
75 501	SMF	1915	3.836	DR 75 501	nb	VSE, Schwarzenberg	
75 515	SMF	1911	3.477	DR 75 515	nb	VM Dresden, SEM Chemnitz-Hilbersdorf	

Baureihe 75⁶ (Privatbahnlok der ELE)

Nummer	Hersteller	Baujahr	Fabrik-Nr.	Letzte BV und Nr.	Zustand	Besitzer und Standort	Bemerkungen
75 634	Henschel	1929	21.341	TWE 223	nb	VVM, Aumühle	ex Lok Nr. 14 der ELE

Baureihe 75¹⁰⁻¹¹ (Länderbahnlok, badische VIc⁸⁻⁹)

Nummer	Hersteller	Baujahr	Fabrik-Nr.	Letzte BV und Nr.	Zustand	Besitzer und Standort	Bemerkungen
75 1118	MBG	1921	2.150	DB 75 1118	b	UEF, Amstetten	

Baureihe 78⁰⁻⁵ (Länderbahnlok, preußische T 18)

Nummer	Hersteller	Baujahr	Fabrik-Nr.	Letzte BV und Nr.	Zustand	Besitzer und Standort	Bemerkungen
78 009	Vulcan	1912	2.761	DR 78 009	nb	VM Dresden	
78 192	Vulcan	1920	3.613	DB 078 192-2	nb	privat, Tuttlingen	
78 246	Vulcan	1922	3.772	DB 078 246-6	nb	DDM Neuenmarkt-Wirsberg	
78 468	Henschel	1923	20.166	DB 078 468-6	b	Emscher Park Eisenbahn	
78 510	Vulcan	1924	3.972	DB 78 510	nb	VM Nürnberg	

Baureihe 80 (Einheitslok)

Nummer	Hersteller	Baujahr	Fabrik-Nr.	Letzte BV und Nr.	Zustand	Besitzer und Standort	Bemerkungen
80 009	Union	1928	2.799	DR 80 009	nb	privat, Berlin-Bohnsdorf	
80 013	Wolf	1927	1.227	RAG D 722	nb	DDM Neuenmarkt-Wirsberg	
80 014	Wolf	1927	1.228	RAG D 721	i.A.	privat, Stuttgart-Untertürkheim.	
80 023	Jung	1928	3.862	DR 80 023	nb	VM Dresden	
80 030	Hohen	1929	4.629	RAG D 724	nb	DGEG, Bochum-Dahlhausen	
80 039	Hohen	1929	4.650	RAG D 727	i.A.	Hammer Eisenbahnfreunde	

Baureihe 81 (Einheitslok)

Nummer	Hersteller	Baujahr	Fabrik-Nr.	Letzte BV und Nr.	Zustand	Besitzer und Standort	Bemerkungen
81 004	Hanomag	1928	10.558	DB 81 004	i.A.	»Hessencourier« Naumburg	Lok wird äußerlich aufgearbeitet.

Baureihe 82 (Neubaulok DB)

Nummer	Hersteller	Baujahr	Fabrik-Nr.	Letzte BV und Nr.	Zustand	Besitzer und Standort	Bemerkungen
82 008	Krupp	1950	2.882	DB 082 008-4	Denkmal	DB AG, Lingen (Ems)	

Baureihe 85 (Einheitslok)

Nummer	Hersteller	Baujahr	Fabrik-Nr.	Letzte BV und Nr.	Zustand	Besitzer und Standort	Bemerkungen
85 007	Henschel	1932	22.116	DB 85 007	nb	DB AG, Freiburg (Breisgau)	

Baureihe 86 (Einheitslok)

Nummer	Hersteller	Baujahr	Fabrik-Nr.	Letzte BV und Nr.	Zustand	Besitzer und Standort	Bemerkungen
86 001	MBG	1928	2.356	DR 86 1001-6	nb	DB AG, SEM Chemnitz-Hilbersdorf	
86 049	Borsig	1932	14.421	DR 86 1049-5	nb	VSE, Schwarzenberg	
86 283	O&K	1937	12.941	DB 086 283-9	nb	DDM Neuenmarkt-Wirsberg	
86 333	WLF	1939	3.211	DR 86 1333-3	i.A.	Eurovapor, Wutachtalbahn.	
83 346	WLF	1939	3.249	DB 086 346-4	nb	UEF, Ettlingen	
86 348	WLF	1939	3.251	DB 086 348-0	nb	Förderverein Eisenbahnmuseum Kornwestheim	
86 457	DWM	1942	442	DB 086 457-9	nb	DB AG, Leihgabe DDM Neuenmarkt-Wirsberg	
86 607	Borsig	1942	15.280	DR 86 1607-0	nb	Vogtländischer Eisenbahnverein Adorf	
86 744	O&K	1942	13.759	DR 86 1744-1	i.A.	Museums-Eisenbahn Minden, Preußisch Oldendorf	

Baureihe 88⁷³ (Länderbahnlok, pfälzische T 1)

Nummer	Hersteller	Baujahr	Fabrik-Nr.	Letzte BV und Nr.	Zustand	Besitzer und Standort	Bemerkungen
88 7306	Maffei	1892	2.636	DRG 88 7306	Denkmal	Stegen bei Freiburg (Breisgau)	

Baureihe 88⁷⁴ (Länderbahnlok, württembergische T 2)

Nummer	Hersteller	Baujahr	Fabrik-Nr.	Letzte BV und Nr.	Zustand	Besitzer und Standort	Bemerkungen
88 7405	Heilbronn	1898	340	DRG 88 7405	nb	DTM Berlin	Werklok Hüttenwerk Lauchertal T 1005

Baureihe 89⁰ (Einheitslok)

Nummer	Hersteller	Baujahr	Fabrik-Nr.	Letzte BV und Nr.	Zustand	Besitzer und Standort	Bemerkungen
89 008	Henschel	1939	23.583	DR 89 008	nb	Mecklenburgische EF Schwerin	

Baureihe 89³ (Länderbahnlok, württembergische T 3)

Nummer	Hersteller	Baujahr	Fabrik-Nr.	Letzte BV und Nr.	Zustand	Besitzer und Standort	Bemerkungen
89 ...	ME	1923	4092	Werklok ME	Denkmal	Kornwestheim	Lok war 1925 im endgültigen Umzeichnumgsplan der DRG nicht mehr enthalten zur Dampfspeicherlok umgebaut
89 312	ME	1896	2.792	DRG 89 312	nb	Landesmuseum Tech und Arbeit Mannheim	
89 339	ME	1901	3.154	WL Zement. Leimen	nb	Eisenbahnmuseum Darmstadt-Kranichstein	
89 363	Heilbronn	1905	455	Gaswerk Stutt. 2	nb	GES Stuttgart	
89 407	Heilbronn	1912	595	Gaswerk Stutt. 1	nb	Gaswerk Stuttgart Gaisburg	

Baureihe 89⁶ (Länderbahnlok, bayerische D II")

Nummer	Hersteller	Baujahr	Fabrik-Nr.	Letzte BV und Nr.	Zustand	Besitzer und Standort	Bemerkungen
89 637	Maffei	1901	2.145	ÖBB 689.637	nb	Deutsches Museum München	

Baureihe 89⁷⁻⁸ (Länderbahnlok, bayerische R 3/3)

Nummer	Hersteller	Baujahr	Fabrik-Nr.	Letzte BV und Nr.	Zustand	Besitzer und Standort	Bemerkungen
89 801	Krauss	1921	7.851	DB 89 801	nb	DB AG, VM Nürnberg	
89 837	Krauss	1921	7.917	ÖBB 789.837	nb	BEM Nördlingen	

Baureihe 89¹⁰ (Länderbahnlok, preußische T 8)

Nummer	Hersteller	Baujahr	Fabrik-Nr.	Letzte BV und Nr.	Zustand	Besitzer und Standort	Bemerkungen
89 1004	LHW	1906	359	DR 89 1004	nb	DB AG, Halle (Saale)	

Baureihe 89⁶⁰ (Privatbahnlok)

Nummer	Hersteller	Baujahr	Fabrik-Nr.	Letzte BV und Nr.	Zustand	Besitzer und Standort	Bemerkungen
89 6009	Humboldt	1902	135	DR 89 6009-8	i.A.	DB AG, Dresden	
89 6024	Henschel	1914	13.025	WL Raw Gö Nr. 1	b	DDM Neuenmarkt-Wirsberg	
89 6237	LHW	1924	2.936	WL Raw Dre Nr. 5	i.A.	Museums-Eisenbahn Minden, Preußisch Oldendorf	
89 6311	Henschel	1936	23.061	Hafen Torgau Nr. 2	nb	Arnstadt	

Baureihe 89$^{70-75}$ (Länderbahnlok, preußische T 3)

Nummer	Hersteller	Baujahr	Fabrik-Nr.	Letzte BV und Nr.	Zustand	Besitzer und Standort	Bemerkungen
89 7005	Henschel	1883	1.594	AW Siegen Nr. 004	nb	Radevormwald	Lok war 1925 im endgültigen Umzeichnumgsplan der DRG nicht mehr enthalten (zuletzt KPEV Coeln 1770)
89 7077	Humboldt	1899	32	AW Schwerte Nr. 2	nb	Dampflokfreunde Rheinland	Lok war 1925 im endgültigen Umzeichnumgsplan der DRG nicht mehr enthalten
89 7159	Hohen	1894	769	Walzwerk Schwerte	b	DGEG, Neustadt (Weinstr.)	Lok war 1925 im endgültigen Umzeichnumgsplan der DRG nicht mehr enthalten
89 7296	Henschel	1899	5.224	DB 89 7296	nb	Gramzow	
89 7462	Hagans	1904	499	DB 89 7462	Denkmal	Zoo Köln	
89 7513	Jung	1911	1.720	DB 89 7513	i.A.	Loburg	
89 7531	ME	1898	2.985	AW Schwerte Nr. 3	nb	Niederlausitzer Museums-Bahn, Finsterwalde	
89 7538	Hanomag	1914	7.311	DB 89 7538	nb	privat, Emmertahl-Lüntorf	

Baureihe 90$^{0-2}$ (Länderbahnlok, preußische T 9^1)

Nummer	Hersteller	Baujahr	Fabrik-Nr.	Letzte BV und Nr.	Zustand	Besitzer und Standort	Bemerkungen
90 009	Borsig	1893	4.431	DRG 90 009	nb	DGEG, Bochum-Dahlhausen	
90 042	Hohen	1896	850	Zeche Alexander Nr. 2	b	VBV Braunschweig	Neuaufbau im Raw Meiningen 1992 mit Teilen der FKE Nr. 44; als »Coeln 1857« im Einsatz
90 …	Henschel	1913	12.478	FKE Nr.44	nb	VBV Braunschweig	Ersatzteilspender; Lok war 1925 im endgültigen Umzeichnumgsplan der DRG nicht mehr enthalten

Baureihe 91$^{0-1}$ (Länderbahnlok, preußische T 9^2)

Nummer	Hersteller	Baujahr	Fabrik-Nr.	Letzte BV und Nr.	Zustand	Besitzer und Standort	Bemerkungen
91 134	Grafen	1898	4.843	DR 91 134	nb	AB AG, Schwerin	

Baureihe 91³⁻¹⁸ (Länderbahnlok, preußische T 9³)

Nummer	Hersteller	Baujahr	Fabrik-Nr.	Letzte BV und Nr.	Zustand	Besitzer und Standort	Bemerkungen
91 319	Henschel	1902	6.128	DB 91 319	Denkmal	Münster-Gremmendorf	
91 896	Jung	1907	1.014	Hafen Torgau Nr. 3	Denkmal	Dresden-Friedrichstadt	
91 936	Hohen	1903	1.592	PKP Tki 3-112	nb	DTM Berlin	

Dampflok 91 6580 (Privatbahndampflok)

Nummer	Hersteller	Baujahr	Fabrik-Nr.	Letzte BV und Nr.	Zustand	Besitzer und Standort	Bemerkungen
91 6580	Henschel	1938	23.877	EIB Nr. 4	nb	DB AG, Arnstadt	

Baureihe 92⁰ (Länderbahnlok, württembergische T 6)

Nummer	Hersteller	Baujahr	Fabrik-Nr.	Letzte BV und Nr.	Zustand	Besitzer und Standort	Bemerkungen
92 011	ME	1918	3.830	DRG 92 011	Denkmal	Europapark Rust	

Baureihe 92²(Länderbahnlok, badische X b¹⁻⁷)

Nummer	Hersteller	Baujahr	Fabrik-Nr.	Letzte BV und Nr.	Zustand	Besitzer und Standort	Bemerkungen
92 …	MBG	1918	?	?	nb	Technikmuseum Säckingen	Lok war 1925 im endgültigen Umzeichnungsplan der DRG nicht mehr enthalten

Dampflok 92 442 (Privatbahnlok)

Nummer	Hersteller	Baujahr	Fabrik-Nr.	Letzte BV und Nr.	Zustand	Besitzer und Standort	Bemerkungen
92 442	AEG	1928	4.230	HzL Nr. 16	b	GES Stuttgart	

Baureihe 92⁵⁻¹⁰ (Länderbahnlok, preußische T 13)

Nummer	Hersteller	Baujahr	Fabrik-Nr.	Letzte BV und Nr.	Zustand	Besitzer und Standort	Bemerkungen
92 503	Union	1910	1.803	DR 92 503	nb	VM Dresden	
92 638	Union	1912	1.974	EIB Nr. 5	b	Museums-Eisenbahn Minden	als »Stettin 7906« im Einsatz
92 739	Union	1914	2.126	DB 92 739	nb	DGEG, Neustadt (Weinstr.)	

Baureihe 93⁰⁻⁴ (Länderbahnlok, preußische T 14)

Nummer	Hersteller	Baujahr	Fabrik-Nr.	Letzte BV und Nr.	Zustand	Besitzer und Standort	Bemerkungen
93 230	Union	1917	2.315	DR 93 230	nb	VM Dresden	

Baureihe 93⁵⁻¹² (Länderbahnlok, preußische T 14¹)

Nummer	Hersteller	Baujahr	Fabrik-Nr.	Letzte BV und Nr.	Zustand	Besitzer und Standort	Bemerkungen
93 526	Hohen	1918	3.949	DB 93 526	nb	DDM Neuenmarkt-Wirsberg	

Reihe 93 (ex ÖBB)

Nummer	Hersteller	Baujahr	Fabrik-Nr.	Letzte BV und Nr.	Zustand	Besitzer und Standort	Bemerkungen
93 1360	StEG	1927	4.779	ÖBB 93.1360	b	Wutachtalbahn, Zollhaus-Blumberg	
93 1378	StEG	1927	4.797	ÖBB 93.1378	b	Haltingen	
93 1394	StEG	1927	4.813	ÖBB 93.1394	b	BEM Nördlingen	
93 1410	StEG	1928	4.834	ÖBB 93.1410	b	Landeseisenbahn Lippe, Rinteln	

Baureihe 94⁰ (Länderbahnlok, pfälzische T 5)

Nummer	Hersteller	Baujahr	Fabrik-Nr.	Letzte BV und Nr.	Zustand	Besitzer und Standort	Bemerkungen
94 002	Krauss	1907	5.779	Zeche Alexander 307	nb	DGEG, Neustadt (Weinstr.)	

Baureihe 94²⁻⁴ (Länderbahnlok, preußische T 16)

Nummer	Hersteller	Baujahr	Fabrik-Nr.	Letzte BV und Nr.	Zustand	Besitzer und Standort	Bemerkungen
94 249	BMAG	1908	4.106	DR 94 246	nb	VM Dresden, Heiligenstadt	

Baureihe 94⁵⁻¹⁷ (Länderbahnlok, preußische T 16¹)

Nummer	Hersteller	Baujahr	Fabrik-Nr.	Letzte BV und Nr.	Zustand	Besitzer und Standort	Bemerkungen
94 1184	BMAG	1921	7.517	DB 094 184-9	nb	Dampfbahn Kochertal, Gaildorf	
94 1283	Henschel	1922	18.876	RAG D 791	nb	Frankfurt (Main)	
94 1292	Henschel	1922	18.885	DR 94 1292-5	nb	DB AG, Arnstadt	
94 1538	BMAG	1922	8.805	DB 094 538-6	b	AK Eifelbahnen, Gerolstein	
94 1616	LHW	1923	2.809	DB 094 616-0	nb	Minden	
94 1692	BMAG	1924	8.396	DB 094 692-1	nb	DB AG, Hamburg-Wilhelmsburg	
94 1697	BMAG	1924	8.401	DB 94 1697	nb	*Standort z.Z. unbekannt*	
94 1730	LHW	1924	2.899	DB 094 730-9	nb	DDM Neuenmarkt-Wirsberg	

Baureihe 94²⁰ (Länderbahnlok, sächsische XI HT)

Nummer	Hersteller	Baujahr	Fabrik-Nr.	Letzte BV und Nr.	Zustand	Besitzer und Standort	Bemerkungen
94 2105	SMF	1923	4.561	DR 94 2105-8	nb	Leihgabe an VSE Schwarzenberg	

Baureihe 95 (Länderbahnlok, preußische T 20)

Nummer	Hersteller	Baujahr	Fabrik-Nr.	Letzte BV und Nr.	Zustand	Besitzer und Standort	Bemerkungen
95 009	Borsig	1922	11.113	DR 95 0009-1	nb	EF »Flügelrad« Oderberg, Dieringhausen	Ölhauptfeuerung

Nummer	Hersteller	Baujahr	Fabrik-Nr.	Letzte BV und Nr.	Zustand	Besitzer und Standort	Bemerkungen
95 016	Borsig	1923	11.653	DR 95 1016-5	nb	DDM Neuenmarkt-Wirsberg	Ölhauptfeuerung; Lok mit falscher Nummer ausgestellt
95 020	Hanomag	1923	10.186	DR 95 0020-1	nb	Technik-Museum Speyer	
95 027	Hanomag	1923	10.186	DR 95 1027-2	nb	DB AG, Arnstadt	Ölhauptfeuerung
92 028	Hanomag	1923	10.186	DR 95 0028-1	nb	DGEG, Bochum-Dahlhausen	

Baureihe 95⁶⁶ (Privatbahnlok der HBE)

Nummer	Hersteller	Baujahr	Fabrik-Nr.	Letzte BV und Nr.	Zustand	Besitzer und Standort	Bemerkungen
95 6676	Borsig	1919	10.353	DR 95 6676	nb	VM Dresden, Rübeland	

Baureihe 97⁵ (Länderbahnlok, württembergische Hz)

Nummer	Hersteller	Baujahr	Fabrik-Nr.	Letzte BV und Nr.	Zustand	Besitzer und Standort	Bemerkungen
97 501	ME	1923	4.056	DB 97 501	i.A.	Reutlingen	
97 502	ME	1923	4.057	DB 97 502	nb	DGEG, Bochum-Dahlhausen	
97 504	ME	1923	4.142	DB 97 504	nb	DTM Berlin	

Baureihe 98⁰ (Länderbahnlok, sächsische I TV)

Nummer	Hersteller	Baujahr	Fabrik-Nr.	Letzte BV und Nr.	Zustand	Besitzer und Standort	Bemerkungen
98 001	SMF	1910	3.337	DR 98 001	nb	VM Dresden, SEM Chemnitz-Hilbersdorf	

Baureihe 98¹ (Länderbahnlok, oldenburgische T 2)

Nummer	Hersteller	Baujahr	Fabrik-Nr.	Letzte BV und Nr.	Zustand	Besitzer und Standort	Bemerkungen
98 111	Hanomag	1906	4.581	DB 98 111	nb	Eisenbahnmuseum Bad Nauheim	

Baureihe 98³ (Länderbahnlok, bayerische PtL 2/2)

Nummer	Hersteller	Baujahr	Fabrik-Nr.	Letzte BV und Nr.	Zustand	Besitzer und Standort	Bemerkungen
98 307	Krauss	1908	5.911	DB 98 307	nb	DB AG, Leihgabe DDM Neuenmarkt-Wirsberg	
98 319	Krauss	1908	5.897	DB 98 327	nb	DB AG, VM Nürnberg	

Baureihe 98⁵ (Länderbahnlok, bayerische D XI)

Nummer	Hersteller	Baujahr	Fabrik-Nr.	Letzte BV und Nr.	Zustand	Besitzer und Standort	Bemerkungen
98 507	Krauss	1903	4.869	DB 98 507	Denkmal	Ingolstadt	

Baureihe 98⁷ (Länderbahnlok, bayerische BB II)

Nummer	Hersteller	Baujahr	Fabrik-Nr.	Letzte BV und Nr.	Zustand	Besitzer und Standort	Bemerkungen
98 727	Maffei	1903	2.291	ZF Regensburg 4	nb	Eisenbahnmuseum Darmstadt-Kranichstein	

Baureihe 98⁸⁻⁹ (Länderbahnlok, bayerische GtL 4/4)

Nummer	Hersteller	Baujahr	Fabrik-Nr.	Letzte BV und Nr.	Zustand	Besitzer und Standort	Bemerkungen
98 812	Krauss	1914	6.911	DB 098 812-1	nb	UEF, Amstetten	
98 886	Krauss	1924	9.275	DB 098 886-5	b	Freilichtmuseum Fladungen	

Baureihe 98⁷⁰ (Länderbahnlok, sächsische VII T)

Nummer	Hersteller	Baujahr	Fabrik-Nr.	Letzte BV und Nr.	Zustand	Besitzer und Standort	Bemerkungen
98 7056	SMF	1886	1.435	DR 98 7056	nb	VM Dresden	

Baureihe 98⁷³ (Länderbahnlok, pfälzische T 1)

Nummer	Hersteller	Baujahr	Fabrik-Nr.	Letzte BV und Nr.	Zustand	Besitzer und Standort	Bemerkungen
98 7306	Krauss	1892	2.636	DB WL 805 8001	nb	DGEG, Neustadt (Weinstr.)	als »Schaidt 186« ausgestellt

Baureihe 98⁷⁵ (Länderbahnlok, bayerische D VI)

Nummer	Hersteller	Baujahr	Fabrik-Nr.	Letzte BV und Nr.	Zustand	Besitzer und Standort	Bemerkungen
98 7508	Krauss	1883	1.222	Torfwerk Raubing	nb	DGEG, Neustadt (Weinstr.)	als »Berg« ausgestellt

Baureihe 98⁷⁶ (Länderbahnlok, bayerische D VII)

Nummer	Hersteller	Baujahr	Fabrik-Nr.	Letzte BV und Nr.	Zustand	Besitzer und Standort	Bemerkungen
98 7658	Krauss	1892	2.562	DB 98 7658	nb	Localbahnmuseum Bayerisch Eisenstein	

Erhaltene Schmalspur-Dampflokomotiven (Staatsbahn-Maschinen)

Stand 1. Januar 2002

Spurweite 600 mm

Baureihe 99³³⁰ (Privatbahnlok der WEM)

Nummer	Hersteller	Baujahr	Fabrik-Nr.	Letzte BV und Nr.	Zustand	Besitzer und Standort	Bemerkungen
99 3301	Kraus	1895	3.311	DR 99 3301	b	Parkeisenbahn Cottbus	als Nr. 04 im Einsatz

Baureihe 99³³¹ (Privatbahnlok der WEM)

Nummer	Hersteller	Baujahr	Fabrik-Nr.	Letzte BV und Nr.	Zustand	Besitzer und Standort	Bemerkungen
99 3312	Borsig	1912	8.472	DR 99 3312-8	b	WEM Muskau	als »DIANA« im Einsatz

Baureihe 99³³¹ (Brigadeloks; Privatbahnlok der WEM)

Nummer	Hersteller	Baujahr	Fabrik-Nr.	Letzte BV und Nr.	Zustand	Besitzer und Standort	Bemerkungen
99 3313	Borsig	1914	8.836	DR 99 3313-6	b	Frankfurter Feldbahnmuseum	
99 3314	Henschel	1917	15.226	DR 99 3314-4	nb	privat, Paderborn	
99 3315	Henschel	1917	15.307	DR 99 3315-1	b	Dampfkleinbahn Mühlenstroth	als »Richard Roosen« bezeichnet
99 3316	Borsig	1916	9.757	DR 99 3316-9	nb	Auto+Technik Museum Sinsheim	
99 3317	Borsig	1918	10.306	DR 99 3317-7	b	WEM Muskau	als »Frieden« im Einsatz
99 3318	Borsig	1918	10.364	DR 99 3318-5	i.A.	Dampfkleinbahn Mühlenstroth	als »Adolf Wolff« bezeichnet

Baureihe 99³³⁵ (Privatbahnlok der MPSB)

Nummer	Hersteller	Baujahr	Fabrik-Nr.	Letzte BV und Nr.	Zustand	Besitzer und Standort	Bemerkungen
99 3351	Jung	1906	898	DR 99 3351	nb	Frankfurter Feldbahnmuseum	als »Jacobi« bezeichnet
99 3352	Jung	1907	1.138	DR 99 3352	Denkmal	VM Dresden, Friedland	

Baureihe 99³⁴⁶ (Privatbahnlok der MPSB)

Nummer	Hersteller	Baujahr	Fabrik-Nr.	Letzte BV und Nr.	Zustand	Besitzer und Standort	Bemerkungen
99 3462	O&K	1934	12.518	DR 99 3462	b	Dampfkleinbahn Mühlenstroth	als »Mecklenburg« bezeichnet

Spurweite 750 mm

Baureihe 99⁵¹⁻⁶⁰ (Länderbahnlok, sächsische IV K; GR-Lok der DR)

Nummer	Hersteller	Baujahr	Fabrik-Nr.	Letzte BV und Nr.	Zustand	Besitzer und Standort	Bemerkungen
99 516	SMF	1892	1.779	DR 99 1516-6	nb	Stadt Rothenkirchen, Schönheide	
99 534	SMF	1898	2.275	DR 99 1534-9	Denkmal	Stadt Geyer	

Nummer	Hersteller	Baujahr	Fabrik-Nr.	Letzte BV und Nr.	Besitzer und Standort	Zustand	Bemerkungen
99 535	SMF	1898	2.276	DR 99 535	VM Dresden	nb	Original-Lok
99 539	SMF	1899	2.381	DB AG 099 701-5	Traditionsbahn Radebeul	b	
99 542	SMF	1899	3.208	DR 099 702-3	IG Preßnitztalbahn, Jöhstadt	b	
99 555	SMF	1908	3.208	DR 99 1555-4	Söllmitz	Denkmal	
99 561	SMF	1909	3.214	DR 099 703-1	Döllnitzbahn, Mügeln	b	
99 562	SMF	1909	3.215	DR 099 704-9	DDM Neuenmarkt-Wirsberg	nb	
99 564	SMF	1909	3.217	DB AG 099 705-6	BRG, z.Z in Meiningen	i.A.	
99 566	SMF	1909	3.220	DR 99 1566-1	SEM Chemnitz-Hilbersdorf	nb	
99 568	SMF	1910	3.450	DR 099 706-4	IG Preßnitztalbahn, Jöhstadt	b	
99 574	SMF	1912	3.556	DR 099 707-2	Döllnitzbahn, Mügeln	nb	Druckluftbremse
99 579	SMF	1912	3.561	DR 99 1579-4	Museum Rittersgrün	nb	Original-Lok
99 582	SMF	1912	3.593	DR 099 708-0	Schönheide	b	
99 584	SMF	1912	3.595	DR 099 709-8	Döllnitzbahn, Leihgabe IV Zittauer Schmalspurbahnen Bertsdorf	nb	
99 585	SMF	1912	3.597	DR 099 710-6	Traditionsbahn Radebeul	i.A.	
99 586	SMF	1913	3.606	DR 099 711-4	Traditionsbahn Radebeul	Denkmal	
99 590	SMF	1913	3.670	DR 99 1590-1	IG Preßnitztalbahn, Jöhstadt	b	
99 594	SMF	1914	3.714	DR 99 1594-3	Putbus	nb	Druckluftbremse
99 604	SMF	1914	3.792	DR 99 1604-4	DGEG, Bochum-Dahlhausen	nb	Original-Lok
99 606	SMF	1916	3.907	DR 099 712-2	DB AG, VM Nürnberg	Denkmal	
99 608	SMF	1921	4.521	DB AG 099 713-0	BRG, Freital-Hainsberg	b	als 99 1608-1 im Einsatz

Baureihe 99[63] (Länderbahnlok, württembergische Tssd)

Nummer	Hersteller	Baujahr	Fabrik-Nr.	Letzte BV und Nr.	Besitzer und Standort	Zustand	Bemerkungen
99 633	ME	1899	3.072	DB 099 633-0	DGEG, Möckmühl	nb	
99 637	ME	1904	3.294	DB 99 637	Buchau	Denkmal	

Baureihe 99[64–71] (Länderbahnlok, sächsische VI K)

Nummer	Hersteller	Baujahr	Fabrik-Nr.	Letzte BV und Nr.	Besitzer und Standort	Zustand	Bemerkungen
99 651	Henschel	1919	16.132	DB 099 651-2	Steinheim	Denkmal	
99 713	SMF	1927	4.670	DB AG 099 720-5	BRG, Radebeul Ost	b	
99 715	SMF	1927	4.672	DR 99 1715-4	privat, Leihgabe IV Zittauer Schmalspurbahnen Bertsdorf	i.A.	
99 716	SMF	1927	4.673	DB 99 716	Ochsenhausen	i.A.	

Baureihe 99[73–76] (Einheitslok)

Nummer	Hersteller	Baujahr	Fabrik-Nr.	Letzte BV und Nr.	Besitzer und Standort	Zustand	Bemerkungen
99 731	SMF	1928	4.678	DR 099 722-7	SOEG	b	
99 734	SMF	1928	4.681	DB AG 099 723-9	BRG	b	als 99 1734-5 im Einsatz

Nummer	Hersteller	Baujahr	Fabrik-Nr.	Letzte BV und Nr.	Zustand	Besitzer und Standort	Bemerkungen
99 735	SMF	1929	4.682	DB AG 099 724-7	b	SOEG	Ölhauptfeuerung, Rückbau Kohlefeuerung 1997
99 741	SMF	1929	4.691	DB AG 099 725-4	b	BRG	als 99 1741-0 im Einsatz
99 746	BMAG	1929	9.535	DB AG 099 726-2	i.A.	BRG	als 99 1746-9 im Einsatz
99 747	BMAG	1929	9.535	DB AG 099 727-0	b	BRG	als 99 1747-7 im Einsatz
99 749	BMAG	1929	9.538	DB AG 099 728-8	b	SOEG	Ölhauptfeuerung
99 750	BMAG	1929	9.539	DB AG 099 729-6	nb	SOEG	Ölhauptfeuerung
99 757	BMAG	1933	10.148	DB AG 099 730-4	nb	SOEG	
99 758	BMAG	1933	10.149	DB AG 099 731-2	b	SOEG	
99 759	BMAG	1933	10.150	DR 099 732-0	nb	BVO, Leihgabe Museum Rittersgrün	Ölhauptfeuerung, Rückbau Kohlefeuerung 1997
99 760	BMAG	1933	10.151	DB AG 099 733-8	b	SOEG	Ölhauptfeuerung
99 761	BMAG	1933	10.152	DB AG 099 734-6	nb	BRG	als 99 1761-8 im Einsatz
99 762	BMAG	1933	10.153	DB AG 099 735-3	b	BRG	als 99 1762-6 im Einsatz

Baureihe 99 77-79 (Neubaulok DR)

Nummer	Hersteller	Baujahr	Fabrik-Nr.	Letzte BV und Nr.	Zustand	Besitzer und Standort	Bemerkungen
99 771	LKM	1952	32.010	DB AG 099 736-1	b	BRG	als 99 1771-7 im Einsatz
99 772	LKM	1952	32.012	DB AG 099 737-9	b	BVO	
99 773	LKM	1952	32.011	DB AG 099 738-7	b	BVO	
99 775	LKM	1953	32.014	DB AG 099 739-5	b	BRG	als 99 1775-8 im Einsatz
99 776	LKM	1953	32.015	DB AG 099 740-3	nb	BVO	
99 777	LKM	1953	32.016	DB AG 099 741-1	b	BRG	als 99 1777-4 im Einsatz
99 778	LKM	1953	32.017	DB AG 099 742-9	b	BRG	als 99 1778-2 im Einsatz
99 779	LKM	1953	32.018	DB AG 099 743-7	b	BRG	als 99 1779-0 im Einsatz
99 780	LKM	1953	32.019	DB AG 099 744-5	b	BRG	
99 781	LKM	1953	32.022	DR 099 745-2	Denkmal	VM Nürnberg	
99 782	LKM	1953	32.023	DB AG 099 746-0	b	RüKB	
99 783	LKM	1953	32.024	DB AG 099 747-8	b	RüKB	
99 784	LKM	1953	32.025	DB AG 099 748-6	b	RüKB	
99 785	LKM	1954	132.024	DB AG 099 748-6	b	BVO	
99 786	LKM	1954	132.025	DB AG 099 750-2	b	BVO	
99 787	LKM	1956	132.028	DB AG 099 751-0	nb	SOEG	
99 788	LKM	1956	132.029	DB AG 099 752-8	b	Ochsenhausen	
99 789	LKM	1956	132.030	DB AG 099 753-6	b	BRG	als 99 1789-9 im Einsatz
99 790	LKM	1956	132.031	DB AG 099 754-4	Denkmal	Freital-Hainsberg	als 99 1790-7 aufgestellt
99 791	LKM	1956	132.032	DB AG 099 755-1	Denkmal	Radebeul Ost	
99 793	LKM	1956	132.034	DB AG 099 756-6	b	BRG	als 99 1793-1 im Einsatz
99 794	LKM	1956	132.035	DB AG 099 757-7	b	BVO	

Baureihe 99⁴³⁰ (Privatbahnlok der KJ I)

Nummer	Hersteller	Baujahr	Fabrik-Nr.	Letzte BV und Nr.	Zustand	Besitzer und Standort	
99 4301	O&K	1920	9.418	DR 99 4301	Denkmal	Gommern	Bemerkungen

Baureihe 99⁴⁵⁰ (Privatbahnlok der Prignitzer Kreiskleinbahnen)

Nummer	Hersteller	Baujahr	Fabrik-Nr.	Letzte BV und Nr.	Zustand	Besitzer und Standort	
99 4503	SMF	1900	2.622	DR 99 4503	nb	Kleinbahnmuseum Gramzow	Bemerkungen

Baureihe 99⁴⁵¹ (GR-Lok der DR)

Nummer	Hersteller	Baujahr	Fabrik-Nr.	Letzte BV und Nr.	Zustand	Besitzer und Standort	
99 4511	Krauss	1899	4.111	DR 99 4511-4	i.A.	IG Preßnitztalbahn, Jöhstadt	Bemerkungen

Baureihe 99⁴⁵³ (Privatbahnlok der Trusebahn)

Nummer	Hersteller	Baujahr	Fabrik-Nr.	Letzte BV und Nr.	Zustand	Besitzer und Standort	
99 4532	O&K	1924	10.844	DR 99 4532-0	nb	IV Zittauer Schmalspurbahnen Bertsdorf	Bemerkungen

Baureihe 99⁴⁶³ (Privatbahnlok der RüKB)

Nummer	Hersteller	Baujahr	Fabrik-Nr.	Letzte BV und Nr.	Zustand	Besitzer und Standort	
99 4631	Vulcan	1913	2.896	DR 99 4631-0	Denkmal	privat, Lehrte	Bemerkungen
99 4632	Vulcan	1914	2.951	DB AG 099 770-0	b	RüKB	als 52^{Mh} im Einsatz
99 4633	Vulcan	1925	3.851	DB AG 099 771-8	b	RüKB	als 53^{Mh} im Einsatz

Baureihe 99⁴⁶⁴ (Privatbahnlok der KJ I; GR-Lok der DR)

Nummer	Hersteller	Baujahr	Fabrik-Nr.	Letzte BV und Nr.	Zustand	Besitzer und Standort	
99 4644	O&K	1923	10.501	DR 99 4644-6	nb	Museum Lindenberg	Bemerkungen

Baureihe 99⁴⁶⁵ (Heeresfeldbahnlok)

Nummer	Hersteller	Baujahr	Fabrik-Nr.	Letzte BV und Nr.	Zustand	Besitzer und Standort	
99 4652	Henschel	1941	25.983	DR 99 4652	i.A.	privat, Putbus	Bemerkungen

Baureihe 99⁴⁷⁰ (Privatbahnlok der Prignitzer Kreiskleinbahnen; GR-Lok der DR)

Nummer	Hersteller	Baujahr	Fabrik-Nr.	Letzte BV und Nr.	Zustand	Besitzer und Standort	
99 4701	Henschel	1914	13.022	DR 99 4701-1	Denkmal	Betonwerk Jungk, Wöllstein	Bemerkungen

Baureihe 99⁴⁸⁰ (Privatbahnlok der KJ I)

Nummer	Hersteller	Baujahr	Fabrik-Nr.	Letzte BV und Nr.	Zustand	Besitzer und Standort	
99 4801	Henschel	1938	24.367	DB AG 099 780-9	b	RüKB	Bemerkungen
99 4802	Henschel	1938	24.368	DB AG 099 781-7	b	RüKB	

Baureihe 99⁷⁸ (österreichische Reihe U)

Nummer	Hersteller	Baujahr	Fabrik-Nr.	Letzte BV und Nr.	Zustand	Besitzer und Standort	Bemerkungen
99 7843	Krauss (L)	1898	3.816	ÖBB 298.14	i.A.	Ochsenhausen	

Spurweite 900 mm
Baureihe 99⁹² (Einheitslok)

Nummer	Hersteller	Baujahr	Fabrik-Nr.	Letzte BV und Nr.	Zustand	Besitzer und Standort	Bemerkungen
99 321	O&K	1932	12.400	DR 099 901-1	b	Mecklenburgische Bäderbahn »Molli«	als 99 2321-0 im Einsatz
99 322	O&K	1932	12.401	DR 099 902-9	b	Mecklenburgische Bäderbahn »Molli«	als 99 2322-8 im Einsatz
99 323	O&K	1932	12.402	DR 099 903-7	i. A.	Mecklenburgische Bäderbahn »Molli«	als 99 2323-6 im Einsatz

Baureihe 99³³ (Werklok der SDAG Wismut)

Nummer	Hersteller	Baujahr	Fabrik-Nr.	Letzte BV und Nr.	Zustand	Besitzer und Standort	Bemerkungen
99 331	LKM	1951	30.011	DR 099 904-5	b	Mecklenburgische Bäderbahn »Molli«	als 99 2331-9 im Einsatz
99 332	LKM	1951	30.013	DR 099 905-2	Denkmal	Mecklenburgische Bäderbahn »Molli«	als 99 2332-7 ausgestellt

Spurweite 1.000 mm
Baureihe 99¹⁶ (Länderbahnlok, sächsische I M)

Nummer	Hersteller	Baujahr	Fabrik-Nr.	Letzte BV und Nr.	Zustand	Besitzer und Standort	Bemerkungen
99 162	SMF	1902	2.648	DR 99 162	nb	VM Dresden, Oberrheinsdorf	

Baureihe 99²¹ (Neubaulok DRG)

Nummer	Hersteller	Baujahr	Fabrik-Nr.	Letzte BV und Nr.	Zustand	Besitzer und Standort	Bemerkungen
99 211	Henschel	1919	21.443	DB 99 211	Denkmal	Wangerooge	

Baureihe 99²² (Einheitslok)

Nummer	Hersteller	Baujahr	Fabrik-Nr.	Letzte BV und Nr.	Zustand	Besitzer und Standort	Bemerkungen
99 222	BMAG	1931	9.921	DR 99 7222-5	b	Harzer Schmalspurbahnen	

Baureihe 99²³⁻²⁴ (Neubaulok DR)

Nummer	Hersteller	Baujahr	Fabrik-Nr.	Letzte BV und Nr.	Zustand	Besitzer und Standort	Bemerkungen
99 231	LKM	1954	134.008	DR 99 7231-6	i.A.	Harzer Schmalspurbahnen	
99 232	LKM	1954	134.009	DR 99 7232-4	b	Harzer Schmalspurbahnen	
99 233	LKM	1954	134.010	DR 99 7233-2	nb	Harzer Schmalspurbahnen	
99 234	LKM	1954	134.011	DR 99 7234-0	b	Harzer Schmalspurbahnen	
99 235	LKM	1954	134.012	DR 99 7235-7	b	Harzer Schmalspurbahnen	
99 236	LKM	1955	134.013	DR 99 7236-5	b	Harzer Schmalspurbahnen	
99 237	LKM	1955	134.014	DR 99 7237-3	b	Harzer Schmalspurbahnen	
99 238	LKM	1956	134.015	DR 99 7238-1	b	Harzer Schmalspurbahnen	

Nummer	Hersteller	Baujahr	Fabrik-Nr.	Letzte BV und Nr.	Zustand	Besitzer und Standort	Bemerkungen
99 239	LKM	1956	134.016	DR 99 7239-9	b	Harzer Schmalspurbahnen	
99 240	LKM	1956	134.017	DR 99 7240-7	b	Harzer Schmalspurbahnen	
99 241	LKM	1956	134.018	DR 99 7241-5	b	Harzer Schmalspurbahnen	
99 242	LKM	1956	134.019	DR 99 7242-3	b	Harzer Schmalspurbahnen	
99 243	LKM	1956	134.020	DR 99 7243-2	b	Harzer Schmalspurbahnen	
99 244	LKM	1956	134.021	DR 99 7244-9	nb	Harzer Schmalspurbahnen	
99 245	LKM	1956	134.022	DR 99 7245-6	b	Harzer Schmalspurbahnen	
99 246	LKM	1956	134.027	DR 99 7246-4	nb	Harzer Schmalspurbahnen	abgestellt in Benneckenstein
99 247	LKM	1956	134.028	DR 99 7247-2	nb	Harzer Schmalspurbahnen	abgestellt in Gernrode

Baureihe 99^{25} (Privatbahnlok der LAG)

Nummer	Hersteller	Baujahr	Fabrik-Nr.	Letzte BV und Nr.	Zustand	Besitzer und Standort	Bemerkungen
99 253	Krauss	1902	4.823	DB 99 253	Denkmal	Regensburg	

Baureihe 99^{560} (Privatbahnlok der FKB)

Nummer	Hersteller	Baujahr	Fabrik-Nr.	Letzte BV und Nr.	Zustand	Besitzer und Standort	Bemerkungen
99 5605	Vulcan	1894	1.363	DR 99 5605	b	DEV Bruchhausen-Vilsen	als »FRANZBURG« im Einsatz
99 5606	Vulcan	1894	1.379	DR 99 5606	Denkmal	Fa. Lehmann Nürnberg	

Baureihe 99^{563} (Privatbahnlok der Spreewaldbahn)

Nummer	Hersteller	Baujahr	Fabrik-Nr.	Letzte BV und Nr.	Zustand	Besitzer und Standort	Bemerkungen
99 5633 Einsatz	Jung	1917	2.519	DR 99 5633	b	DEV Bruchhausen-Vilsen	als »SPREEWALD« im Einsatz

Baureihe 99^{570} (Privatbahnlok der Spreewaldbahn)

Nummer	Hersteller	Baujahr	Fabrik-Nr.	Letzte BV und Nr.	Zustand	Besitzer und Standort	Bemerkungen
99 5703	Hohen	1897	940	DR 99 5703	nb	Spreewaldmuseum Lübbenau	

Baureihe 99^{59} (Privatbahnlok der NWE)

Nummer	Hersteller	Baujahr	Fabrik-Nr.	Letzte BV und Nr.	Zustand	Besitzer und Standort	Bemerkungen
99 5901	Jung	1897	258	DR 99 5901-6	i. A.	Harzer Schmalspurbahnen	
99 5902	Jung	1897	261	DR 99 5902-4	b	Harzer Schmalspurbahnen	
99 5903	Jung	1898	345	DR 99 5903-2	nb	Harzer Schmalspurbahnen	

Dampflok 99 5906 (Heeresfeldbahnlok, Privatbahnlok der NWE)

Nummer	Hersteller	Baujahr	Fabrik-Nr.	Letzte BV und Nr.	Zustand	Besitzer und Standort	Bemerkungen
99 5906	MBG	1918	2.052	DR 99 5906-5	b	Harzer Schmalspurbahnen	in Gernrode stationiert

Baureihe 99⁶⁰ (Privatbahnlok der NWE)

Nummer	Hersteller	Baujahr	Fabrik-Nr.	Letzte BV und Nr.	Zustand	Besitzer und Standort	Bemerkungen
99 6001	Krupp	1939	1.875	DR 99 6001-4	b	Harzer Schmalspurbahnen	in Gernrode stationiert

Baureihe 99⁶¹ (Heeresfeldbahnlok, Privatbahnlok der NWE)

Nummer	Hersteller	Baujahr	Fabrik-Nr.	Letzte BV und Nr.	Zustand	Besitzer und Standort	Bemerkungen
99 6101	Henschel	1914	12.879	DR 99 6101-2	b	Harzer Schmalspurbahnen	in Nordhausen stationiert
99 6102	Henschel	1914	12.880	DR 99 6102-0	b	Harzer Schmalspurbahnen	in Gernrode stationiert

Baureihe 99⁷²⁰ (Länderbahnlok, badische C)

Nummer	Hersteller	Baujahr	Fabrik-Nr.	Letzte BV und Nr.	Zustand	Besitzer und Standort	Bemerkungen
99 7201	Borsig	1904	5.324	DB 99 7201	Denkmal	Passau	
99 7202	Borsig	1904	5.325	DB 99 7202	Denkmal	Mudau	
99 7203	Borsig	1904	5.326	AVG	b	UEF. Amstetten	
99 7204	Borsig	1904	5.327	DB 99 7204	i.A.	Märkische Museums-Eisenbahn Hüinghausen	als »Elz« bezeichnet

Erhaltene Privatbahn- und Werk-Dampflokomotiven

Stand 1. Januar 2002

Bauart B n2t

Nummer	Hersteller	Baujahr	Fabrik-Nr.	Letzte BV und Nr.	Zustand	Besitzer und Standort	Bemerkungen
Nr. 1	Hohen	1887	423	Neuehoffnungshütte	nb	Eisenbahnmuseum Darmstadt-Kranichstein	
Alfred	Hohen	1903	1.669	Eisenwerke Homburg	b	Freilichtmuseum Fladungen	
Nr. 21	Krauss	1903	5.143	Stahlwerk Röchling	nb	EF Losheim	
Nr. 43	Krauss	1906	5.437	Hütte Völklingen	nb	EF »Flügelrad« Oderberg, Dieringhausen	
Victor	Hohen	1908	2.329	Grube Siersdorf	nb	Westfälisches Industriemuseum	
A. Heye	Hohen	1910	2.469	Glasfabrik Heye	nb	Museums-Eisenbahn Minden, Preußisch Oldendorf	
Nr. 1	Henschel	1912	10.802	Main-Gaswerk Nr. 1	i.A.	PEG Putlitz	
Nr. 1	Hanomag	1912	6.039	Kali-Chemie AG	i.A	Niederlausitzer Museums-Bahn, Finsterwalde	
Triangel	Hanomag	1912	6.358	Torfmoor AG	nb	Braunschweiger Verkehrsfreunde	BLME 101
Lok 1	Henschel	1916	14.237	Stahlwerk Remscheid	i.A.	EF Wesel	Typ »Hansen«
Luci (Nr. 3)	O&K	1916	7.790	Lech-Chemie	nb	BEM Nördlingen	
Nr. 17	O&K	1919	7.685	Gaswerk Karlsruhe	nb	privat: AG Historische Eisenbahn, Bodenburg	
Lok 1	Henschel	1920	17.833	ZF Züttlingen	Denkmal	privat, Marxzell	
Lok 2	Hanomag	1920	9.268	Kali-Chemie AG	i.A.	VVM, Schöneberger Strand	
Lok 1	Hanomag	1923	9.442	Stadtwerke Nürnberg	b	DFS, Ebermannstadt	
Lok 2	Hanomag	1923	9.444	Stadtwerke Nürnberg	nb	DDM Neuenmarkt-Wirsberg	Lok heißt »Nürnberg«
Margarete	Smoschewer	1926	683	Hütte Laucherthal	nb	GES Stuttgart	
Nr. 20	MBG	1928	2.367	DEBG Nr.20	b	Ottenhöfen	Typ B 250
Holban	Henschel	1937	23.485	Hamburger Ölwerke	nb	Hamburg-Wilhelmsburg	
Ries (Nr. 9)	Henschel	1941	26.165	Metallhütte Lübeck	b	BEM Nördlingen	
H. Heye	Jung	1941	19.246	Glasfabrik Heye	nb	Hammer EF, Lippborg	
HC 5	Henschel	1952	25.090	Stahlwerk Witten	b	»Hessencourier« Naumburg	Typ B 350, Ölfeuerung
Nr. 44	Jung	1953	11.945	Hütte Völklingen	nb	DDM Neuenmarkt-Wirsberg	
Nr. 43	Jung	1959	13.240	Hütte Völklingen	nb	EF »Flügelrad« Oderberg, Dieringhausen	

Bauart C n2t

Nummer	Hersteller	Baujahr	Fabrik-Nr.	Letzte BV und Nr.	Zustand	Besitzer und Standort	Bemerkungen
Füssen	Krauss	1889	2.051	LAG, »Füssen«	b	Papierfabrik Baienfurt	
Anna	Krauss	1890	2.264	Regentalbahn AG	nb	Bayerisch Eisenstein	

Name/Nr.	Hersteller	Baujahr	Fabrik-Nr.	Eigentümer	Zustand	Standort	Bemerkung
Nr. 23	Hanomag	1897	2.973	SWEG Nr.23	Denkmal	Birach	pr. T 3, siehe BR 89^{70-75}
Ochsleben	Hanomag	1898	3.126	ZF Warburg	nb	Braunschweiger Verkehrsfreunde	BLME 107, pr. T 3, siehe BR 89^{70-75}
Nr. 28	Borsig	1900	4.788	DEBG Nr.28	b	Ottenhöfen	Lok »Badenia«, pr. T 3, siehe BR 89^{70-75}
Nr. 1	BMAG	1901	3.019	Gaswerk Mariendorf	nb	DTM Berlin	pr. T 3, siehe BR 89^{70-75}
Nr. 16	Hanomag	1907	3.653	ZF Euskirchen	b	AG Historische Eisenbahn, Bodenburg	Lok »Schunter«
PK 3	Freudenstein	1902	89	Metallhütte Lübeck	nb	VVM, Aumühle	pr. T 3, siehe BR 89^{70-75}
Nr. 14	Humboldt	1902	143	SWEG Nr.14	Denkmal	Wiesloch Stadt	pr. T 3, siehe BR 89^{70-75}
J.A. Maffei	Maffei	1902	2.312	PWA Raubling	nb	Bayerischer Localbahn-Verein, Landshut	
Nr. 30	Borsig	1904	5.528	SWEG Nr.30	b	Hattingen	
Bernd	Henschel	1904	6.676	Marburger Kreisbahn	i.A.	EF Wetterau, Bad Nauheim	Typ »Bismarck«, siehe BR 89^{60}
Speyerbach	Humboldt	1904	210	Zeche Walsum	b	DGEG Neustadt (Weinstr.)	
Radbod	Hohen	1906	1.962	RAG D 712	b	Hammer EF, Lippborg	
RBW 310	Hohen	1914	3.295	RBW	nb	privat, Hermeskeil	mit Schlepptender
Waldbröl	Jung	1914	2.243	KB Bielstein-Waldbröl	nb	EF »Flügelrad« Oderberg, Dieringhausen	
Nr. 1	Henschel	1918	13.075	Zeche Erin	i.A.	AG Geesthachter Eisenbahn	
D 512	Hohen	1918	3.531	RAG D 512	nb	Westfälisches Industriemuseum	
Lok 3	Henschel	1920	18.038	Kali-Chemie AG	b	VVM, Schöneberger Strand	Typ »Thüringen«
Niedersachsen	Henschel	1922	19.218	GMW Hattingen	b	EF Haselünne	Typ »Bismarck«, siehe BR 89^{60}
Osser	Maffei	1922	5.478	Regentalbahn AG	nb	Lokalbahnmuseum Bayerisch Eisenstein	
Pörting-siepen	Henschel	1923	20.143	Fa. Wilhelm	nb	Hespertalbahn, Essen-Kupferdreh	Typ »Bismarck«, siehe BR 89^{60}
Braunschweig	Jung	1925	3.736	Hafen Braunschweig	b	Braunschweiger Verkehrsfreunde	BLME 102
89 906	LHW	1929	3.120	DHW Rodleben	b	Dampfbahnfreunde Kahlgrund Hanau	
D 313	Hohen	1930	4.579	RAG D 313	nb	Heimatmuseum Wanne-Eickel	
o. Nr.	Krupp	1935	1.494	Zeche H. Robert	nb	EF Stadtlohn	
Merzig	Henschel	1937	23.701	Saarbergwerke 26	b	EF Losheim	
80 106	ME	1937	4.312	Papierfabrik Albbruck	nb	Dampfbahn Kochertal, Gaildorf	

Nummer	Hersteller	Baujahr	Fabrik-Nr.	Letzte BV und Nr.	Zustand	Besitzer und Standort	Bemerkungen
E. Mayrisch	Henschel	1949	26.468	Zeche Mayrisch	nb	Westfälisches Industriemuseum	Typ »C 400«
Theo 4	Krupp	1949	2.825	Fa. Wuppermann	b	EF »Flügelrad« Oderberg, Dieringhausen	
Lok 1	Krupp	1951	2.824	Kali-Chemie Nienburg	b	Delmenhorst-Harpstedter EF	
Lok 10	Krupp	1953	3.113	RAG	b	EBG, Klütz	
Lok 2	Krupp	1953	3.437	Zeche Alsdorf	i.A.	Delmenhorst-Harpstedter EF	Typ »Knappsack«
Lok 1	Henschel	1955	?	Zellstoffwerk Kelheim	i.A.	Dampflok-Gemeinschaft 41 096, Klein Mahner	
Nr. 5	Jung	1956	1.037	Elektrowerk Hagen	b	Hespertalbahn, Essen-Kupferdreh	
760	Krupp	1961	3.435	BAG Niederrhein	b	RAG, Gladbeck	Typ »Knappsack«

Bauart C h2t

Nummer	Hersteller	Baujahr	Fabrik-Nr.	Letzte BV und Nr.	Zustand	Besitzer und Standort	Bemerkungen
WL 2	Henschel	1927	19.763	Raw Gö, WL 2	i.A.	Verein Dessau-Wörlitzer Museumsbahn	
Nr. 3	Hanomag	1931	10.672	ZF Regensburg	i.A.	Vogtländischer Eisenbahnverein Adorf	
Mevissen 4	Krupp	1952	2.491	Zeche Mevissen	nb	Museums-Eisenbahn Minden, Preußisch Oldendorf	
Nr. 1	Krupp	1953	3.114	Grube Siersdorf	nb	Westfälisches Industriemuseum	

Bauart 1'C h2t

Nummer	Hersteller	Baujahr	Fabrik-Nr.	Letzte BV und Nr.	Zustand	Besitzer und Standort	Bemerkungen
BLE 146	Henschel	1941	24.932	BbLE, Nr. 146	b	DGEG, Bochum-Dahlhausen	ELNA 2

Bauart 1'C2' h2t

Nummer	Hersteller	Baujahr	Fabrik-Nr.	Letzte BV und Nr.	Zustand	Besitzer und Standort	Bemerkungen
TAG 8	KM	1943	16.317	TAG, Nr. 8	i.A.	BEM Nördlingen	

Bauart D n2t

Nummer	Hersteller	Baujahr	Fabrik-Nr.	Letzte BV und Nr.	Zustand	Besitzer und Standort	Bemerkungen
Lok 21	Humboldt	1925	1.052	KFBE Köln	nb	EF »Flügelrad« Oderberg, Dieringhausen	
Ampflwang	Hanomag	1925	9.976	Kohlenwerks AG	b	Berliner EF, Basdorf	
Hohenzollern	Hohen	1925	4.531	Saarbergwerke 38	nb	Braunschweiger Verkehrsfreunde	BLME 106
Nr. 2	Krupp	1940	2.154	Zeche Mayrisch	b	EF Extertal	
Nr. 8	Henschel	1938	23.897	RAG D 776	i.A.	Dampfeisenbahn Weserbergland, Rinteln	Typ »Essen«

Nummer	Hersteller	Baujahr	Fabrik-Nr.	Letzte BV und Nr.	Zustand	Besitzer und Standort	Bemerkungen
Losheim	Henschel	1948	29.892	Saarbergwerke 34	b	EF Losheim	Typ D 600
Nr. 6	Henschel	1949	25.724	RAG, Zeche Bismarck	nb	Dampfeisenbahn Weserbergland, Rinteln	Typ D 600
81 1001	KM	1949	17.575	Saarbergwerke 36	nb	HEF, Frankfurt (Main)	
Nr. 37	KM	1949	17.576	Saarbergwerke 37	nb	Dampflok-Gemeinschaft 41 096, Klein Mahner	
E. Mayrisch 2	Krupp	1953	2.838	Zeche Mayrisch	b	Dampfbahn Rur-Wurm-Inde, Düren	

Bauart D h2t

Nummer	Hersteller	Baujahr	Fabrik-Nr.	Letzte BV und Nr.	Zustand	Besitzer und Standort	Bemerkungen
Lok 11	ME	1911	3.630	HzL 11	b	GES Stuttgart	siehe Seite 123
Bayerwald	Maffei	1927	5.683	Regentalbahn AG	nb	Lokalbahnmuseum Bayerisch Eisenstein	
Deggendorf	Maffei	1927	5.684	Regentalbahn AG	nb	Lokalbahnmuseum Bayerisch Eisenstein	
Schwarzeck	Krauss	1927	4.321	Regentalbahn AG	nb	Lokalbahnmuseum Bayerisch Eisenstein	
Lok 16	AEG	1928	4.230	HzL Nr. 16	b	GES Stuttgart	siehe 92 442
Anna 10	BMAG	1930	9.963	Zeche Alsdorf	b	DFS, Ebermannstadt	ELNA 6
Anna 8	Henschel	1938	24.396	Zeche Alsdorf	nb	Bergbaumuseum Alsdorf	ELNA 6
Anna 6	Krupp	1940	2.188	Zeche Alsdorf	b	Westfälisches Industriemuseum	
Lok 384	Henschel	1927	20.870	SWEG 384	b	Endingen	
Nr. 184	Henschel	1946	25.657	RStE, Nr 184	nb	Eisenbahnmuseum Darmstadt-Kranichstein	
Nr. 28	Henschel	1946	29.884	Saarbergwerke 28	nb	Auto+Technik Museum Sinsheim	ELNA 6
98-8921	Henschel	1947	29.893	Texaco, KW Bismarck	b	Krefelder Eisenbahn	Typ D 600; Ölhauptfeuerung
Anna 1	Henschel	1949	25.167	Zeche Alsdorf	nb	privat, Tuttlingen	Typ D 600
Anna 3	Henschel	1949	25.169	Zeche Alsdorf	nb	Dampfbahn Kochertal, Gaildorf	Typ D 600

Bauart 1'D1'h2t

Nummer	Hersteller	Baujahr	Fabrik-Nr.	Letzte BV und Nr.	Zustand	Besitzer und Standort	Bemerkungen
TAG 7	KM	1936	15.582	TAG, Nr. 7	b	Bayerischer Localbahn-Verein, Landshut	

Bauart E h2t

Nummer	Hersteller	Baujahr	Fabrik-Nr.	Letzte BV und Nr.	Zustand	Besitzer und Standort	Bemerkungen
Naumburg	KM	1941	15.721	KN 206	b	»Hessencourier« Naumburg	siehe Seite 122
Hiberia 41	Henschel	1949	25.684	Bergbau AG Herne	nb	DGEG, Bochum-Dahlhausen	

Erhaltene Schmalspur-Dampflokomotiven (Privatbahn)

Stand 1. Januar 2002

Spurweite 600 mm

Nummer	Hersteller	Baujahr	Fabrik-Nr.	Letzte BV und Nr.	Zustand	Besitzer und Standort	Bemerkungen
Nr. 1	LHW	1918	1.739	BKK »Frieden«	b	Parkeisenbahn Cottbus	siehe BR 99[331]

Spurweite 750 mm

Nummer	Hersteller	Baujahr	Fabrik-Nr.	Letzte BV und Nr.	Zustand	Besitzer und Standort	Bemerkungen
Helene	Henschel	1919	16.426	Baryt. Lauterbach	nb	DGEG, Möckmühl	siehe S. 124
Cunigunde	Henschel	1929	20.993	SWEG Lok 24	i.A.	Möckmühl	siehe S. 125
Aquarius C	Borsig	1939	14.806	SKB Nr. 22	i.A.	privat, Putbus	
Nicki+Frank S	Henschel	1941	25.982	ÖBB 798.101	b	privat, Putbus	siehe BR 99[465]
Bielefeld	Henschel	1942	25.325	Waldbahn Maylin	b	Dampfkleinbahn Mühlenstroth	siehe BR 99[465]-, ohne Tender
99 1757	Chrzanow	1951	2.254	PKP Px 48-1757	nb	privat, Bad Waldsee	siehe S. 126
99 1773	Chrzanow	1953	3.058	PKP Px 48-1773	nb	privat, Bad Waldsee	siehe S. 126
99 1774	Chrzanow	1953	3.059	PKP Px 48-1774	nb	privat, Bad Waldsee	siehe S. 126
99 1903	Chrzanow	1955	3.233	PKP Px 48-1903	nb	privat, Bad Waldsee	siehe S. 126

Spurweite 1000 mm

Nummer	Hersteller	Baujahr	Fabrik-Nr.	Letzte BV und Nr.	Zustand	Besitzer und Standort	Bemerkungen
SEG 74	Krauss	1889	2.024	MEG, Nr. 74	nb	DGEG, Bochum-Dahlhausen	siehe 99 5906
Nr. 46	Grafen	1897	4.805	MEG	nb	IHS, Schierwaldenrath	
Lok 7s	MBG	1897	1.478	AVG 7s	i.A.	DEV, Bruchhausen-Vilsen	
Hoya	Hanomag	1899	3.341	VGH Nr. 31	b	DEV, Bruchhausen-Vilsen	siehe S. 127
Bruchhausen	Hanomag	1899	3.344	VGH Nr. 33	Denkmal	Bruchhausen-Vilsen	siehe S. 127
Lok 11sm	Humboldt	1906	348	Brohltalbahn 11sm	nb	Brohltalbahn	siehe S. 127
Carl	Hohen	1907	2.241	KAE Nr. 13	Denkmal	Altena	siehe S. 128
Hermann	Hohen	1911	2.798	KAE Nr. 15	b	DEV, Bruchhausen-Vilsen	siehe S. 128
WN 11	ME	1913	3.710	WNB Nr. 11	nb	Härtsfeld-Museumsbahn, Neresheim	siehe S. 129
WN 11	ME	1913	3.711	WNB Nr. 12	b	Härtsfeld-Museumsbahn, Neresheim	siehe S. 129
Bieberlies	Henschel	1923	19.979	Biebertalbahn Nr. 60	i.A.	Märkische Museums-E. Hüinghausen	
Plettenberg	Henschel	1927	20.822	Plettenberger KB 3	b	DEV, Bruchhausen-Vilsen	siehe S. 130
Regenwalde	Borsig	1930	12.250	PKP Tyn 6-3631	b	IHS, Schierwaldenrath	siehe S. 131
Borkum	O&K	1940	13.571	Borkum »Dollert«	b	Inselbahn Borkum	
Nr. 20	Henschel	1950	27.122	Dort. Hütten-Union 20	i.A.	Märkische Museums-E. Hüinghausen	Ölhauptfeuerung

	Hersteller	Baujahr	Fabrik-Nr.	Letzte BV und Nr.	Zustand	Besitzer und Standort	Bemerkungen
Lok V	Chrzanow	1952	2.135	PKP Px 48-3906	b	Brohltalbahn	siehe S. 126
Lok VI	Chrzanow	1952	2.248	PKP Px 48-3913	b	Brohltalbahn	siehe S. 126
Nr. 19	Jung	1956	12.703	Klöckner-Hütte 19	nb	IHS, Schierwaldenrath	
Nr. 20 Haspe	Jung	1956	12.783	Klöckner-Hütte 20	b	IHS, Schierwaldenrath	
Nr. 21	Jung	1956	12.784	Klöckner-Hütte 4	b	IHS, Schierwaldenrath	

Erhaltene Schmalspur-Dampflokomotiven (Werkbahn)

Stand 1. Januar 2002

Spurweite 750 mm

Nummer	Hersteller	Baujahr	Fabrik-Nr.	Letzte BV und Nr.	Zustand	Besitzer und Standort	Bemerkungen
Nr. 7	O&K	1931	12.348	Mansfeld-Kombinat 7	b	MBB, Klostermansfeld	siehe S. 132
Nr. 8	O&K	1931	12.347	Mansfeld-Kombinat 8	Denkmal	Mansfeldmuseum Hettstedt	siehe S. 132
Nr. 10	O&K	1936	12.736	Mansfeld-Kombinat 10	b	MBB, Klostermansfeld	siehe S. 132
Nr. 11	O&K	1940	13.216	Mansfeld-Kombinat 11	b	MBB, Klostermansfeld	siehe S. 133
Nr. 20	LKM	1951	15.471	SZD GR 320	b	MBB, Klostermansfeld	siehe S. 133

Abkürzungsverzeichnis

Eisenbahnverwaltungen und -unternehmen

AKN	Eisenbahn-AG Altona-Kaltenkirchen-Neumünster
AVG	Albtal-Verkehrs-Gesellschaft
BDZ	Bulgarische Staatseisenbahnen
BLE	Braunschweigische Landes-Eisenbahn
BbLE	Butzbach-Licher Eisenbahn
BRG	Mitteldeutsche Bahnreinigungsgesellschaft Leipzig
BVO	BVO Bahn GmbH
CFL	Nationalgesellschaft der Luxemburgischen Eisenbahnen
CFR	Nationalgesellschaft der Rumänischen Eisenbahn
DB	Deutsche Bundesbahn
DB AG	Deutsche Bahn AG
DEBG	Deutsche Eisenbahn-Betriebs-Gesellschaft
DR	Deutsche Reichsbahn in der DDR
DRG	Deutsche Reichsbahn-Gesellschaft
DWE	Dessau-Wörlitzer Eisenbahn
EBG	Eisenbahn-Betriebs-Gesellschaft Altenbeken
EIB	Erfurter Industriebahn
ELE	Eutin-Lübecker Eisenbahn
FKB	Franzburger Kreisbahn
FKE	Frankfurt-Königsteiner Eisenbahn
GHE	Gernrode-Harzgeroder Eisenbahn
GKB	Graf-Köflacher Eisenbahn- und Bergbau-Gesellschaft
HBE	Halberstadt-Blankenburger Eisenbahn
HHE	Halle-Hettstedter Eisenbahn
HSB	Harzer Schmalspurbahnen GmbH
HzL	Hohenzollerische Landesbahn AG
KAE	Kreis Altenaer Eisenbahn
KEN	Kleinbahn Erfurt-Nottleben
KEZ	Kleinbahn Ellrich-Zorge
KHM	Kleinbahn Heudeber-Mattierzoll
KJ I	Kleinbahnen des Kreises Jerichow I
KN	Kassel-Naumburger Eisenbahn AG
KOE	Kreis Oldenburger Eisenbahn
K.Sächs.Sts.E.	Königlich Sächsische Staatseisenbahnen
LAG	Localbahn Actiengesellschaft, München
LBE	Lübeck-Büchener Eisenbahn
MEG	Mittelbadische Eisenbahnen AG
MPSB	Mecklenburg-Pommersche Schmalspurbahn
NWE	Nordhausen-Wernigeroder Eisenbahn
ÖBB	Österreichische Bundesbahnen
OSE	Oschersleben-Schöninger Eisenbahn
PEG	Prignitzer Eisenbahn
PKP	Polnische Staatsbahnen
PMP	Polnische Sandbahn
PLB	Pommersche Landesbahnen
RAG	Ruhrkohle AG
RüKB	Rügensche Kleinbahn
RSN	Kleinbahn Rathenow-Senzke-Nauen
RStE	Rinteln-Stadthagener Eisenbahn
SKB	Salzkammergut
SOEG	Sächsisch-Oberlausitzer Eisenbahn-Gesellschaft mbH
SWEG	Südwestdeutsche Eisenbahn-Gesellschaft
SZD	Sowjetische Eisenbahnen
TAG	Tegernsee Eisenbahn AG
TCDD	Türkische Staatsbahnen
TWE	Teutoburger Wald-Eisenbahn

VGH	Verkehrsbetriebe Grafschaft Hoya
WEM	Waldeisenbahn Muskau
WN	Württembergische Nebenbahnen AG

Eisenbahnvereine und-museen

BEM	Bayerisches Eisenbahnmuseum Nördlingen
BLME	Braunschweigische Landes-Museums-Eisenbahn
BSW	Stiftung Bahn-Sozialwerk
DDM	Deutsches Dampflokmuseum
DEV	Deutscher Eisenbahn-Verein Bruchhausen-Vilsen
DFS	Dampfbahn Fränkische Schweiz (Ebermannstadt)
DGEG	Deutsche Gesellschaft für Eisenbahn-Geschichte
DMV	Deutscher Modelleisenbahn-Verband der DDR
DTM	Deutsches Technikmuseum Berlin (ex Museum für Verkehr und Technik Berlin)
EF	Eisenbahnfreunde
EFZ	Eisenbahnfreunde Zollernbahn
EMBB	Eisenbahnmuseum Bayerischer Bahnhof
GES	Gesellschaft zur Erhaltung von Schienenfahrzeugen
HEF	Historische Eisenbahn Frankfurt (Main)
IG	Interessengemeinschaft
IHS	Interessengemeinschaft Historischer Schienenverkehr
IV	Interessenverband
UEF	Ulmer Eisenbahnfreunde
MBB	Mansfelder Bergwerksbahn
SEM	Sächsisches Eisenbahnmuseum Hilbersdorf
VBV	Verein Braunschweiger Verkehrsfreunde e.V.
VM	Verkehrsmuseum
VSE	Verein Sächsischer Eisenbahnfreunde
VVM	Verien Verkehrsamateure und Museumsbahnen

Lokomotivfabriken

AEG	Allgemeine Elektrizitäts-Gesellschaft Berlin; Abteilung Lokomotivbau Hennigsdorf-Osthavelland
Batignolles	Compagnie Generale de Construktion de Locomotives Batignolles-Chatillion a´ Nantes-St. Joseph
BBC	Brown, Boveri & Cie AG, Mannheim
BMAG	Berliner Maschinenbau-AG, vormals Louis Schwartzkopff
Borsig	August Borsig, Berlin-Tegel; ab 1931: Borsig Lokomotiv-Werke GmbH, Hennigsdorf-Osthavelland
Chrzanow	Lokomotivfabrik Chrzanow, ex Krenau
DWM	Deutsche Waffen- und Munitionsfabrik Posen
Fives-Lille	Cie de Fives-Lille
Franco	La Croyé (Franco-Belge)
Freudenstein	Stahlwerke Freudenstein & Co, Berlin
Grafen	Elsässische Maschinenbau Gesellschaft Grafenstaden
Güstrow	Mecklenburgische Waggonfabrik Güstrow
Hagans	Lokomotivfabrik Christian Hagans, Erfurt
Hanomag	Hannoversche Maschinenbau-AG, vormals Georg Eggestorff, Hannover-Linden
Heilbronn	Maschinenbaugesellschaft Heilbronn
Henschel	Henschel & Sohn AG, Kassel; später: Henschel & Sohn GmbH
Hohen	Hohenzollern AG für Lokomotiven, Düsseldorf-Grafenberg
Humboldt	Maschinenbau AG und Lokomotivfabrik Humboldt, Köln-Kall
Jung	Lokomotivfabrik Arnold Jung, Jungenthal bei Kirchen (Sieg)
Krauss	Lokomotivfabrik Krauss & Co, München-Sendling
Krauss (L)	Lokomotivfabrik Krauss & Co, Linz
Krenau	Oberschlesische Lokomotivwerke AG, Kattowitz, Werk Krenau
Krupp	Friedrich Krupp AG, Abteilung Lokomotivbau, Essen
KM	Krauss-Maffei AG, München-Allach
LHW	Linke-Hoffmann Werke, Breslau
LKM	VEB Lokomotivbau »Karl Marx« Babelsberg
Maffei	J.A. Maffei Lokomotivfabrik, München

MBG	Maschinenbau-Gesellschaft Karlsruhe
ME	Maschinenfabrik Esslingen, Esslingen am Neckar
O&K	Orenstein & Koppel, Drewitz und Nowawes (bei Potsdam); von 1938 bis 1945: Maschinenbau- und Bahnbedarfs-AG (MBA)
Rhein	Rheinmetall AG Düsseldorf
Schichau	Ferdinand Schichau Maschinen- und Lokomotivfabrik, Elbing
Schneider	Société Schneider-Creusot, Paris
Skoda	Skoda-Werke, Pilsen
SMF	Sächsische Maschinenfabrik, vormals Richard Hartmann, Chemnitz
Smoschewer	Gesellschaft für Feldbahn-Industrie Smoschewer & Co., Abteilung Lokomotivfabrik, Breslau
StEG	Lokomotivfabrik der Staatseisenbahngesellschaft (Wiener Neustadt)
Union	Union-Gießerei Königsberg
Vulcan	Vulcan, Stettiner Maschinenbau AG
WLF	Wiener Lokomotivfabrik AG, Wien-Floridsdorf

Sonstige Abkürzungen

Ast	Bw-Außenstelle (bei der Deutschen Bundesbahn)
AW	Ausbesserungswerk
b	betriebsfähig
BD	Bundesbahndirektion
BKK	Braunkohlenkombinat
Bw	Bahnbetriebswerk
Denkmal	Denkmallok
DHW	Deutsche Hydrier-Werke
Dsp	Dampfspender; der Lok fehlen zahlreiche Teile
ELNA	Engerer Lokomotiv-Normen-Ausschuss
Est	Einsatzstelle (bei der Deutschen Reichsbahn)
FVA	Fahrzeug-Versuchsanstalt Halle (Saale); ab 1. Januar 1960 Versuchs- und Entwicklungsstelle der Maschinenwirtschaft (VES-M)
GR	Generalreparatur
HD	Hochdruck
HvM	Hauptverwaltung der Maschinenwirtschaft
i.A.	in Aufarbeitung
IfS	Institut für Schienenfahrzeuge Berlin-Adlershof
KB	Kleinbahn
KDL	Kriegs-Dampflokomotive
KED	Königliche Eisenbahn-Direktion
KPEV	Königlich Preußische Eisenbahn-Verwaltung
LVA	Lokomotiv-Versuchsabteilung Berlin-Grunewald (ab 2. Februar 1938 Lokomotiv-Versuchsamt)
MfV	Ministerium für Verkehr der DDR
nb	nicht betriebsfähig
ND	Niederdruck
NHL	nichtfahrfähige Heizlok
RAG	Ruhrkohle AG
RAW/Raw	Reichsbahnausbesserungswerk
Raw Dre	Reichsbahnausbesserungswerk Dresden
Raw Gö	Reichsbahnausbesserungswerk Görlitz
RBD/Rbd	Reichsbahndirektion
RVM	Reichsverkehrsministerium
RZA	Reichsbahn-Zentralamt
SMAD	Sowjetische Militäradministration in Deutschland
VEB	Volkseigener Betrieb
VES-M	Versuchs- und Entwicklungsstelle der Maschinenwirtschaft
WL	Werklok
Zeche Alexander	Zeche Carl Alexander, Baesweiler
ZF	Zuckerfabrik